ACHIEVING EXCELLENCE

INVESTING IN PEOPLE, KNOWLEDGE AND OPPORTUNITY

In the 21st century, our economic and social goals must be pursued hand-in-hand. Let the world see in Canada a society marked by innovation and inclusion, by excellence and justice.

The Right Honourable Jean Chrétien
Prime Minister of Canada
Reply to the Speech from the Throne, January 2001

CANADA'S INNOVATION STRATEGY

Canada's Innovation Strategy is presented in two papers. Both focus on what Canada must do to ensure equality of opportunity and economic innovation in the knowledge society.

Achieving Excellence: Investing in People, Knowledge and Opportunity recognizes the need to consider excellence as a strategic national asset. It focuses on how to strengthen our science and research capacity and on how to ensure that this knowledge contributes to building an innovative economy that benefits all Canadians.

Knowledge Matters: Skills and Learning for Canadians recognizes that a country's greatest resource in the knowledge society is its people. It looks at what we can do to strengthen learning in Canada, to develop people's talent and to provide opportunity for all to contribute to and benefit from the new economy.

Both publications are also available electronically on the World Wide Web at the following address: **http://www.innovationstrategy.gc.ca**

This publication can be made available in alternative formats upon request.
Contact the Information Distribution Centre at the numbers listed below.

For additional copies of this publication, please contact:

Information Distribution Centre
Communications and Marketing Branch
Industry Canada
Room 268D, West Tower
235 Queen Street
Ottawa ON K1A 0H5

Tel.: (613) 947-7466
Fax: (613) 954-6436
E-mail: **publications@ic.gc.ca**

Cat. No. C2-596/2001
ISBN 0-662-66357-8
53564B

10% recycled material

CONTENTS

Canada is one of the world's great success stories.

Thanks to the hard work, ingenuity and creativity of our people, we enjoy extraordinary prosperity and a quality of life that is second to none. Ours is a history of adaptation and innovation. We have grown from a small agrarian nation at the time of Confederation to a global industrial powerhouse. And we have done this in the Canadian way: by building a partnership among citizens, entrepreneurs and governments that encourages new ideas and new approaches and which energetically seizes new opportunities.

The Canadian way also entails an abiding national commitment to sharing prosperity and opportunity; to the belief that economic success and social success go hand in hand; and that all Canadians should be afforded the means and the chance to fulfill their individual potential and to contribute to building a higher Canadian standard of living and a better quality of life.

In the new, global knowledge economy of the 21st century prosperity depends on innovation which, in turn, depends on the investments that we make in the creativity and talents of our people. We must invest not only in technology and innovation but also, in the Canadian way, to create an environment of inclusion, in which all Canadians can take advantage of their talents, their skills and their ideas; in which imagination, skills and innovative capacity combine for maximum effect.

This has been an overriding objective of our government and was the basis of our 2001 Speech from the Throne. And it is why we are so committed to working with the provinces, the territories and our other partners on a national project to build a skilled workforce and an innovative economy.

To stimulate reflection and to help crystallize a Canada-wide effort, we are releasing two papers: *Knowledge Matters: Skills and Learning for Canadians* and *Achieving Excellence: Investing in People, Knowledge and Opportunity.* From this starting point, we look forward to building a broad consensus not only on common national goals, but also on what we need to do to achieve them in the Canadian way.

Jean Chrétien
Prime Minister of Canada

Ingenuity has always been crucial to human progress. It brought us the printing press, the steam engine, electricity and the Internet. Each of these inventions forever altered the way we live our lives and the way we relate to each other. Today, dramatic advances in medical research, telecommunications and science are changing the world in which Canada must compete.

Canadian ingenuity has contributed to the world's innovations — the telephone, insulin, the pacemaker, the Canadarm. We have the most highly educated work force on Earth. In recent years, Canada has eliminated public deficits, kept inflation low, dramatically reduced unemployment, improved our debt-to-GDP ratio, and made significant investments in the infrastructure that supports research and development. This has helped to make Canada a competitive and desirable place to do business. But it is not enough.

Now, we must take it to the next level. We need to find ways to support the Canadian research teams that make groundbreaking discoveries; our companies that have captured new markets with innovative products and services; our traditional industries that continue to innovate, proving they can compete globally; and the Canadian communities that have attracted world-class expertise and entrepreneurial talent.

It is time to take what Canada has done well and ask ourselves: *How do we do more of this, faster? How can we multiply our successes across the country and into the future?* It is time to galvanize a truly national effort to achieve excellence in all we do: to be the best and nothing less.

If we succeed, the reward will be an improved quality of life for *all* Canadians. We will need a partnership among all levels of government, researchers, academia, businesses and all Canadians. *Achieving Excellence: Investing in People, Knowledge and Opportunity* gives us the blueprint to develop that partnership. Now, we must debate these ideas as a nation. We must understand that our success will allow Canada to define itself in the world.

We have all the imagination, creativity and ingenuity we need. Our challenge is to put these to work for Canada and for all Canadians.

Allan Rock
Minister of Industry

INTRODUCTION

INNOVATION IS THE PROCESS THROUGH WHICH NEW ECONOMIC AND SOCIAL BENEFITS ARE EXTRACTED FROM KNOWLEDGE

Through innovation, knowledge is applied to the development of new products and services or to new ways of designing, producing or marketing an existing product or service for public and private markets. The term "innovation" refers to both the creative process of applying knowledge and the outcome of that process. Innovations can be "world first," new to Canada or simply new to the organization that applies them. Innovation has always been a driving force in economic growth and social development. But in today's knowledge-based economy, the importance of innovation has increased dramatically.

KNOWLEDGE HAS BECOME THE KEY DRIVER OF ECONOMIC PERFORMANCE

The factors governing a firm's economic success in the past, such as economies of scale, low production costs, availability of resources and low transportation costs, still contribute to a firm's economic success today. The difference is that today a much heavier emphasis is being placed on knowledge and the resource that produces it: people. Knowledge is the main source of competitive advantage, and it is people who embody, create, develop and apply it. One need only look at employment creation in Canada to see how important knowledge has become (Chart 1).

Innovation is also now seen as something that can be promoted *systematically* across the economy, and not only in research and development (R&D) laboratories. We used to think of innovation as something that just happened based

The Canadian Handshake

Canadian astronaut Chris Hadfield sparked national pride when he installed Canadarm2 on the International Space Station. The mission highlight was when two generations of Canadian robotic arms worked together in space, reaffirming Canada's reputation as a leader in robotics technology.

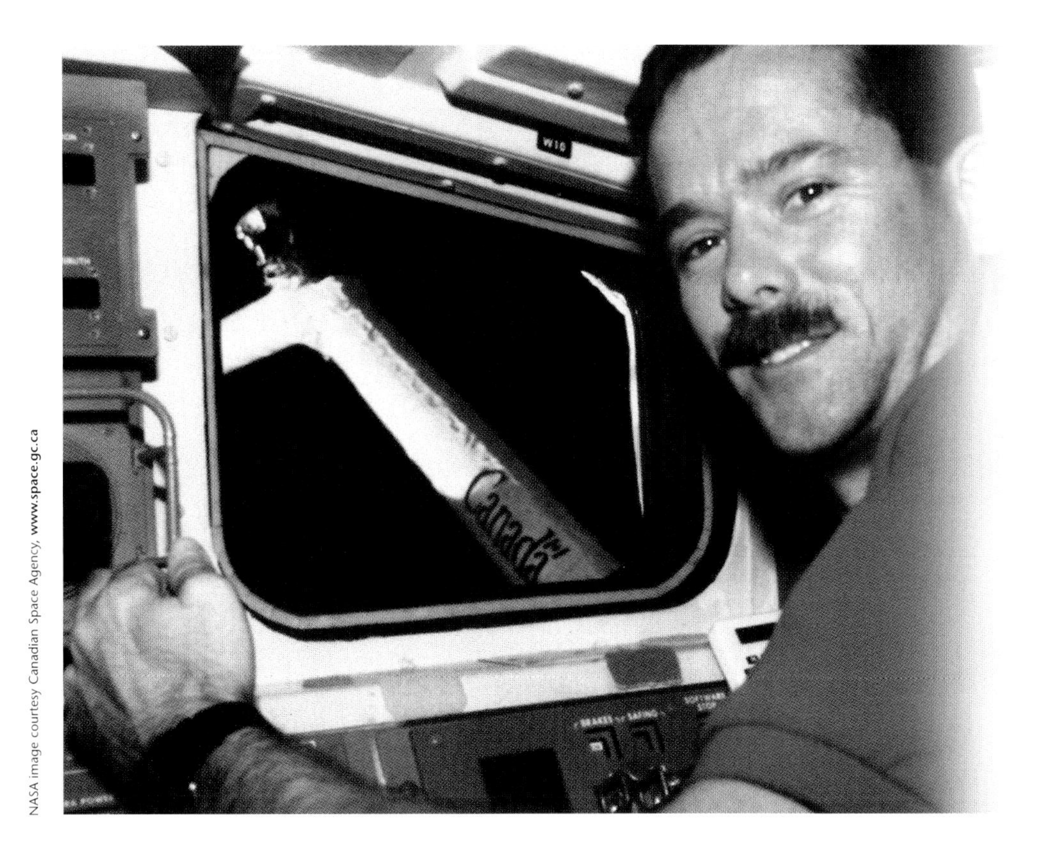

NASA image courtesy Canadian Space Agency, www.space.gc.ca

Chart 1: Net Change in Employment in Canada, 1990–2000

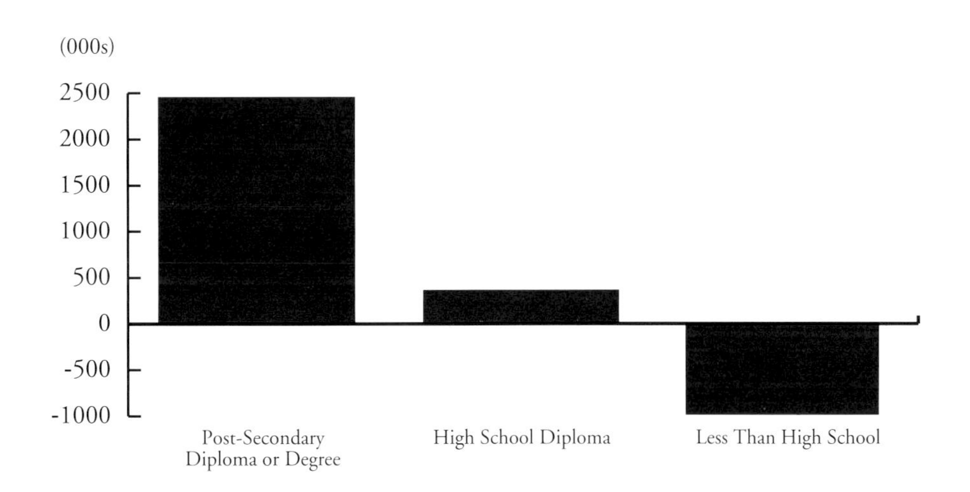

Source: Compilation based on Statistics Canada's Labour Force Surveys, 1990–2000.

on individual entrepreneurial spirit. Now we view innovation as something that can be encouraged as part of a deliberate strategy to improve national productivity growth and Canadians' standard of living. The conscious promotion of innovation has become an important focus of economic and social policy.

THE SPEED OF INNOVATION IS ACCELERATING

New knowledge is being built upon the stock of old knowledge more quickly than ever before. New products are rapidly replacing old ones. New production technologies are being applied over shorter time frames. The "product cycle" in many industries is becoming shorter.

Rapid technological advances in the information and communications technologies sector are important innovations in their own right. Of even more significance, they are the drivers behind new waves of transformative research and technological developments in other sectors, including the life sciences, natural resources, the environment, transportation and advanced manufacturing. Just as computers and telecommunications are transforming our lives, so too will the promise of biotechnology and genomics — the science of deciphering and understanding the genetic code of life.

EVERY PART OF CANADA AND CANADIAN SOCIETY HAS A STAKE IN THE KNOWLEDGE-BASED ECONOMY

Barely a decade ago, it was common to equate the knowledge-based economy with specific sectors, such as information and communications technologies, or with regions, such as Silicon Valley in the United States. Now the knowledge-based economy knows few, if any, industrial or geographic boundaries. In all industries, from natural resources to manufacturing to services, new knowledge and new means of adding value are being developed and applied to improve economic performance.

Truck Drivers and Technology

Commercial operators are required to communicate with their companies, dispatchers, shippers, and customs officers using sophisticated on-board computers and other high-tech communications equipment. Drivers are required to operate and interpret on-board systems that dictate speeds and vehicle configurations for optimum fuel efficiency. Overall carrier efficiency and competitiveness increasingly depend on commercial operators having these skill sets.

Precision Farming

A new farming practice called "precision farming" relies on the Global Positioning System. A yield monitor installed inside a tractor uses the system to nail down vital information on different fields. Using this technology, a farmer can figure out which areas need higher pesticide application and moisture. Precision farming is earning a reputation as one of the best ways to increase yields and profit — simply by helping farmers make better choices.

New Therapy for the Treatment of Vision Loss

A Canadian company recently received approval for a new therapy to treat the wet form of age-related macular degeneration (AMD), the leading cause of severe vision loss in people over the age of 50. This therapy represents the first real treatment for patients with AMD, offering respite from a condition that seriously diminishes quality of life.

In agriculture, for example, advances in biological sciences and computing technology have combined to accelerate the development of new products from renewable agricultural resources. Crops are now being grown for new uses such as renewable fuels and "nutraceuticals" — sources of medicinal substances. These products are capturing premium prices by meeting high safety and environmental standards, and by meeting increased demand in specialty markets for customized products.

In the cultural sector, innovation, knowledge and creativity are combining to generate new forms of artistic expression. Canadian artists are using leading-edge technologies such as broadband and multimedia. Live performances powered by wireless microphones, new materials and fabrics for costumes and sets, and sophisticated computer-operated stage lighting have transformed the performing arts. A vibrant cultural community is both a product and a part of a modern knowledge-based economy, generating new ideas, stimulating creativity in the wider economy and society, and contributing to a rich and rewarding quality of life.

The application of innovations in health, education, sustainable energy, transportation, security and eco-efficiency is making a direct contribution to improving quality of life in Canada. Innovations such as fuel cells, water filtration membranes and new bioremediation technologies are improving the quality of our air, water and soil. Innovation is contributing to better health outcomes for Canadians with new, more effective drug therapies, surgical techniques, diagnostic procedures and prostheses. New gene-based therapies are on the horizon, promising to unleash a wave of more effective and, in many cases, less invasive treatments for a host of diseases and conditions. Improved security measures at airports, including facial recognition systems, iris scans and automatic thumb printing, will be made possible by new and innovative technologies.

Photo courtesy of Agriculture and Agri-Food Canada.

First Nations — Seizing Opportunities

The fiscal accountability and business savvy of the First Nations community based in Membertou, Cape Breton, is transforming the community. The band has attracted the attention of business partners across the continent, and has received ISO 9000 certification of its governance process — the seal of approval in international business. Last year, Membertou's 1000 members generated $52 million in economic activity, and the community's social conditions have improved significantly.

Innovation not only crosses all sectors, but also reaches into every urban centre and into the smallest rural, remote and First Nations communities. Today, in every region of Canada, communities are seizing the opportunities of the knowledge-based economy, building on local strengths and developing new areas of expertise.

CANADA WILL SECURE ITS COMPETITIVE ADVANTAGE IN THE GLOBAL, KNOWLEDGE-BASED ECONOMY BY MAXIMIZING ITS CAPACITY TO INNOVATE

For Canadian businesses, innovation means greater competitiveness in markets that are increasingly global. Canada's most innovative industries have better productivity performance, grow faster, and generate higher quality, higher paying jobs. Our most innovative industries are also outward-oriented — competing more successfully in world markets.[1]

For Canadians, innovation means a better standard of living, higher incomes, and more and better jobs. When new technologies and other kinds of innovations are developed here, Canadians enjoy the double benefit of the improvements they bring to quality of life and the economic benefits they yield in terms of job creation. With innovation-driven economic growth come more opportunity and greater choice for citizens — including the wealth needed for new social investments in areas such as education, health and culture.

1. Wulong Gu, Gary Sawchuk and Lori Whewell, *Innovation and Economic Performance in Canadian Industries*, Industry Canada, mimeo, 2001. High-innovation industries include high R&D performers that had a high incidence of patenting and demonstrated greater international competitiveness.

Next Generation Wheelchairs

Calgary's Southern Alberta Institute of Technology is helping a small company with the design and prototyping of an innovative wheelchair drive mechanism. The modified drive system will allow the operator to manually propel the chair through horizontal motion rather than the traditional rotational motion. The novel wheelchair will alleviate muscular, joint and other health problems related to the rotational movement of arms.

Seabed Mapping

Using Canadian seabed mapping technologies, a Nova Scotia-based company improved its productivity and reduced the environmental impact of its activities. Seabed mapping technologies generate three-dimensional images of the sea floor through state-of-the-art data collection and remote sensing technologies. These technologies have helped the company pinpoint the optimal locations for scallop harvesting, and avoid harvesting in environmentally sensitive areas.

INNOVATION IS MARKET DRIVEN AND GLOBAL

Firms are at the centre of innovation, particularly in the development and commercialization of new products and technologies. Many Canadian firms — large, medium-sized and small — are developing new products. Many more are applying new technologies in their businesses to improve their productivity performance and to advance the eco-efficiency of materials, manufacturing processes and products. Others are innovating through new means of organizing, financing, marketing and managing. Being innovative involves many things. It can involve research but it is also about focused business strategies, a global approach, competitive financing, risk management and organizational change.

The business acumen and entrepreneurship of individual firms are key drivers of innovation in Canada. But innovation does not come without risk. Often, the payoff for investing in the development of new products, processes or techniques is uncertain. Competition is fierce, and ever-larger investments are required to bring new discoveries to market.

PARTNERSHIPS ARE KEY TO EXPANDING INNOVATION OPPORTUNITIES AND MITIGATING RISK

Universities, colleges, research hospitals and technical institutes play an important role in performing research and advancing the creation of knowledge. They help the private sector develop and adopt innovations. They are also the dominant players in terms of training the highly qualified people that create and apply knowledge.

Agribusiness

The Olds College Centre for Innovation (OCCI) is a newly formed incubator that performs applied research with industrial partners and supports the commercialization of new agricultural products. Fuelled by public and private sector investment, OCCI is strengthening the innovation capacity of the agriculture sector in western Canada.

Cell Phones

Unfinished conversations on your cell phone will soon be a distant memory, thanks to a Canadian university researcher. He theorized that a radio circuit could be designed on a more efficient microchip to greatly extend battery life. His design proved not only possible but also as easy to mass-produce as potato chips.

Governments are responsible for research in support of the "innovation environment" — the policies that define many of the incentives to innovate and protect the public interest. Governments also perform research, often with longer time horizons than the private sector, to support their economic development mandates. Governments provide the financial support that enables academic institutions to perform research and train the next generation of highly qualified people. Government laboratories are increasingly forming partnerships with each other, with academic institutions and firms, and with organizations around the world. Partnerships are increasingly key to creating and applying the knowledge that underpins sound regulation and economic development. In performing these functions, governments should themselves be more innovative and contribute to a public environment that is more supportive of creativity and innovation.

COUNTRIES THAT ARE INNOVATIVE WELCOME CHANGE AND EMBRACE IT AS A FUNDAMENTAL VALUE, VIEWING IT AS AN OPPORTUNITY

Innovative countries are constantly on the lookout for new opportunities — new ways to improve their economic prospects and their quality of life. Innovative societies are entrepreneurial. They create wealth, reward individual initiative, strive for international excellence and contribute to a higher quality of life for all their members. Innovative countries are open and inclusive. They value knowledge wherever it originates and offer world-class opportunities, not only to all their citizens, but also to talented individuals from around the world. Innovative countries place a high priority on investments in innovation and strive to maintain their investments during economic downturns.

Wildland Fire Information System

Some 10 000 wildfires burn roughly 2.5 million hectares of forests every year at a cost of roughly half a billion dollars. The Canadian Forest Service of Natural Resources Canada is a world leader in developing wildland fire information systems that help fire managers evaluate the risks and spread of forest fires. Components of this system are now being used in Alaska, New Zealand, Florida, and ASEAN (Association of South-East Asian Nations) countries to address this problem.

Canada's goal should be no less than to become one of the world's most innovative countries. To achieve this goal, we require a national innovation strategy for the 21st century. *Achieving Excellence: Investing in People, Knowledge and Opportunity* is an important step to this end. It provides an assessment of Canada's innovation performance, proposes national targets to guide the efforts of all stakeholders over the next decade, and identifies a number of areas where the Government of Canada can act to improve the nation's innovation performance (see Appendix A). This alone is not enough. To succeed, all levels of government, the private sector, academia and other stakeholders must contribute to making Canada more innovative.

Achieving Excellence: Investing in People, Knowledge and Opportunity will form the basis for discussions between the Government of Canada and key stakeholders over the coming months. The objectives are to:

- develop a common understanding of the nature of Canada's innovation challenge;
- reach agreement on national targets that will guide all of our efforts;
- solicit feedback on the proposed priorities for action;
- identify complementary commitments by partners; and
- build support for tracking progress and reporting to Canadians on the results of these efforts.

Governments, academia and the private sector have made significant investments in innovation in recent years. As a result, Canada's innovation performance is improving at a quick pace, and we enjoy the fastest rate of growth in some areas. However, a number of other countries moved earlier. Consequently, we lag behind many developed countries in terms of our overall innovation performance. There is no time to waste. International bodies, such as the World Economic Forum, believe that Canada's future economic prospects are significantly more promising than our current performance. This gives us confidence that we are on the right track. But we need to build aggressively on our strengths to realize our potential.

CANADA IS PROGRESSING TOWARD A MORE INNOVATIVE ECONOMY

The global economy began showing signs of weakness early in 2001. The International Monetary Fund reduced its forecast for global growth significantly, reflecting the situation in the U.S., persistent difficulties in Japan, poorer prospects in Europe and a marked decline in several emerging countries. The events of September 11 significantly worsened the state of the U.S. economy.

For the first time in 25 years, Canada is in the midst of a slowdown that is happening concurrently in every major market in the world. More than 40 percent of Canada's economic activity is generated by exports, and these have been hit hard by the global slowdown. This was reflected in our weaker performance in the first half of 2001. The events of September 11 further affected our performance, particularly in sectors such as transportation and tourism.

In this period of uncertainty it is important to restore a sense of personal security, and that was a key goal of the Government of Canada's 2001 budget. But the budget also set out a series of important investments to provide stimulus in a time of economic slowdown and to advance Canada's medium- and long-term economic prospects. The government found

HOW IS CANADA DOING IN A WORLD DRIVEN BY INNOVATION?

the room to sustain its commitment to the innovation agenda through strategic initiatives.

Our economic success will be determined by the degree to which we understand the great currents that are shaping the world of tomorrow. They are to be seen in the transforming impact of new technologies. They are to be secured through strong economic fundamentals. They are to be seized by focusing on the ingenuity and innovation of our people. Since 1993, the Government of Canada has pursued a long-term plan that speaks to these priorities and lays the foundation for strong and durable growth.

By world standards, Canadians enjoy an outstanding standard of living and quality of life. Income levels are high, life expectancy is long, the population is healthy, our communities are safe and our natural environment is second to none. Canada consistently ranks at or near the top in terms of the best country in the world in which to live. But we also have significant challenges that we must collectively face and overcome. *Achieving Excellence: Investing in People, Knowledge and Opportunity* focuses necessarily on those challenges. It encourages Canadians to confront them confidently, with faith in our abilities and knowing that we are building on a base of strength.

Standard of Living

Canada's standard of living is high by world standards. We are the seventh highest ranking country in the Organisation for Economic Co-operation and Development (OECD) in terms of real income per capita. Only two countries surpass Canada by a significant margin: Luxembourg and the U.S. (Chart 2).[2]

2. OECD, *OECD in Figures: Statistics in OECD Member Countries*, 2001.

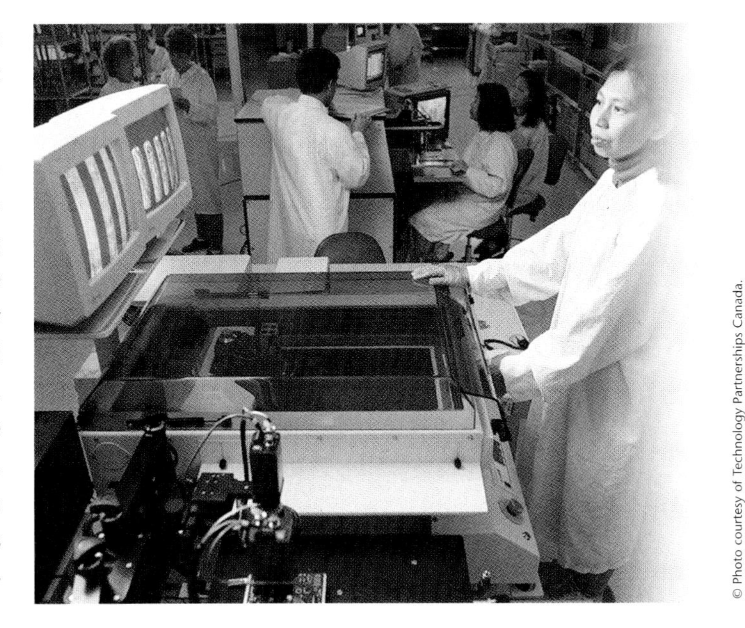

Chart 2: GDP per Capita

(US$, using purchasing-power parities, 2000)

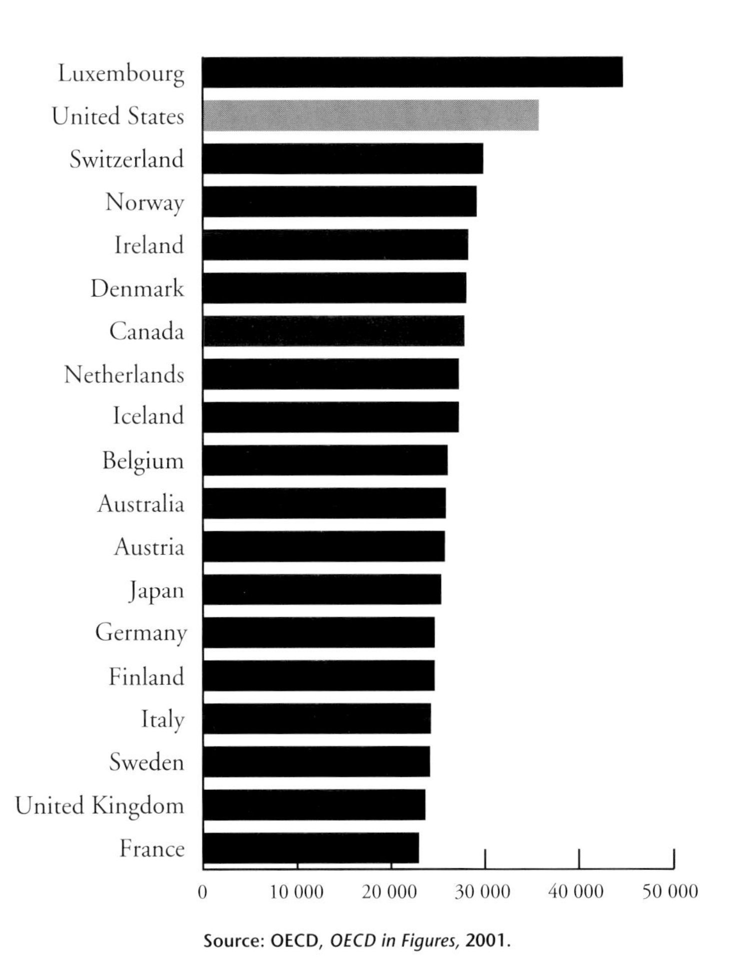

Source: OECD, *OECD in Figures*, 2001.

However, real incomes in Canada have been steadily falling relative to the U.S. over much of the last two decades (Chart 3). The income gap narrowed somewhat in 1999, and again in 2000, suggesting that we are making progress in this important area. The outstanding gap with the U.S. is, however, cause for concern because the U.S. is our closest neighbour, largest trading partner and key competitor.

We must continue to narrow the standard of living gap with the U.S. by innovating and providing more opportunities for Canadians. If we do not, we risk an outflow of talent and capital that could contribute to a decline in our standard of living.

Productivity

There are only two ways to raise a country's standard of living: increase the number of people working and/or raise the level of productivity. Canada cannot rely on the former, given demographic pressures. An ageing labour force and a smaller youth cohort mean relatively fewer workers will be supporting the Canadian population in the future. We must, therefore, become more productive, and we must improve at a faster rate than the U.S.

Most of Canada's standard of living shortfall with respect to the U.S. is due to our markedly lower level of productivity. Canada's overall productivity level — measured in terms of GDP per hour worked — is about 19 percent lower than that of the U.S. (Chart 3).

Chart 3: Standard of Living and Productivity*

Canada relative to the U.S. (U.S.=100)

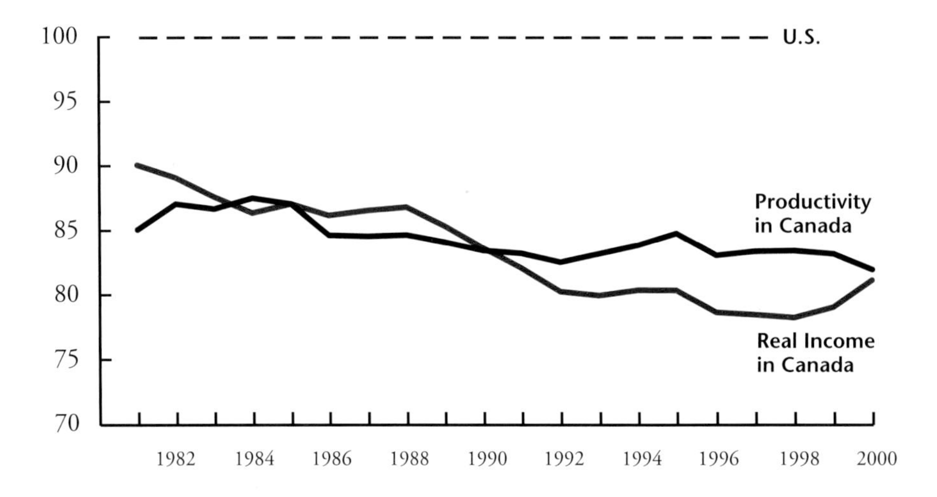

*Productivity is measured as real GDP per hour worked. Real income is measured as real GDP per capita. Canadian values were converted to 2000 US$ using 2000 purchasing-power parity.

Source: Compilations based on data from Statistics Canada and U.S. Bureau of Economic Analysis.

Productivity has grown significantly in Canada over the last number of years; but the gap with the U.S. has continued to widen because we are not improving as fast.

Canadian productivity levels exceed those in the U.S. in some industries (Chart 4). We are performing relatively well in the crude petroleum and natural gas sector, and in the manufacture of primary metal, paper and allied products, lumber and wood, and transportation equipment.

Much of Canada's overall productivity gap with the U.S. is due to differences in the size and productivity growth of the information and communications technologies sector. The U.S. has been able to more rapidly shift its industrial composition toward highly productive industries such as electrical and electronic equipment, and communications. Within Canada, these are the industries that are leading growth in productivity, albeit not as fast as in the U.S.

Chart 4: Labour Productivity,* 1999

Canada relative to the U.S. (U.S.=100)

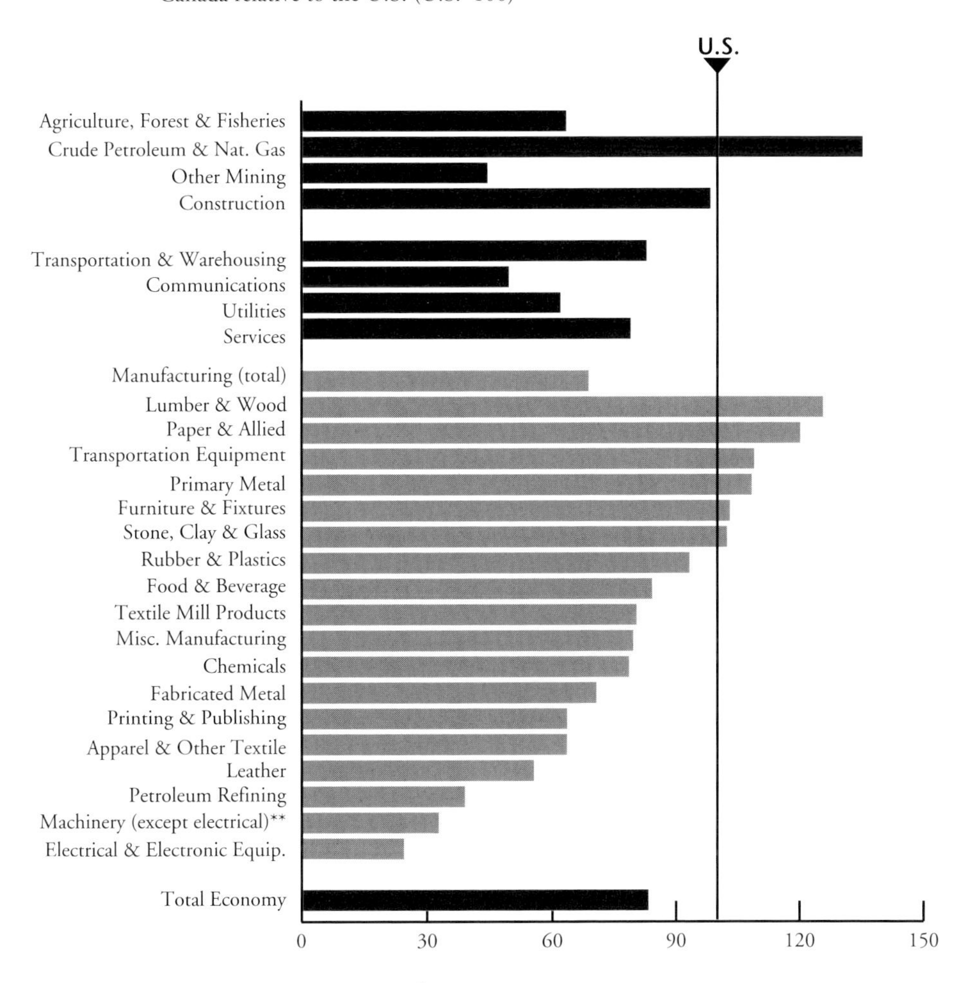

*GDP per worker.
**Machinery industry includes Computer and Office Equipment.

Source: Industry Canada computations based on data from Statistics Canada, U.S. Bureau of Economic Analysis and OECD STAN database.

Innovation

Innovation is the key to improving productivity. Canada's overall level of innovation capacity is near the bottom in the G-7 (Chart 5). We continue to exhibit what the OECD referred to in 1995 as an "innovation gap."

The Conference Board of Canada recently reinforced this point. Its report, *Performance and Potential 2001–02,* rates Canada as a relatively poor performer in innovation (Table A). We do not compare well to benchmark countries across a range of indicators, including R&D spending as a percent of GDP, number of external patent applications and number of researchers relative to the size of our labour force.

Chart 5: Canada's Innovation Performance

Standing relative to the G-7, 1999*

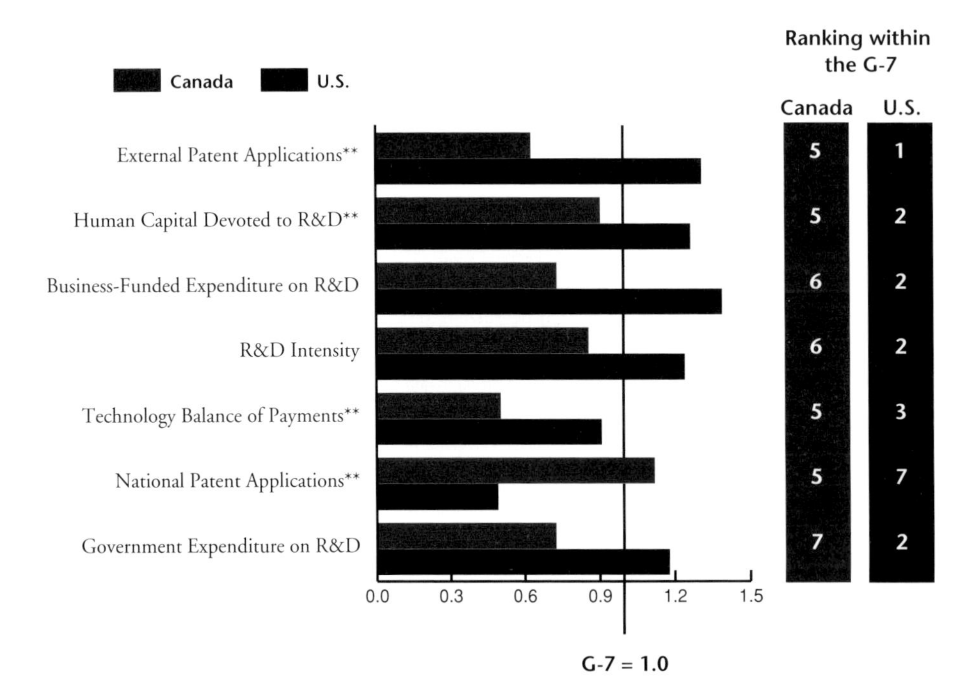

	Canada	U.S.
External Patent Applications**	5	1
Human Capital Devoted to R&D**	5	2
Business-Funded Expenditure on R&D	6	2
R&D Intensity	6	2
Technology Balance of Payments**	5	3
National Patent Applications**	5	7
Government Expenditure on R&D	7	2

*Or latest available year.
**Adjusted by size of labour force.

Source: OECD, *Main Science and Technology Indicators,* 2001:2.

Table A: Canada's Performance, 2001–02

Category	Canada's Performance	Top Performer
Economy	Average	U.S.
Labour markets	Top	U.S.
Innovation	Poor	Sweden
Environment	Poor	Sweden
Education and skills	Average	U.S.
Health and society	Average	Japan

Source: The Conference Board of Canada, *Performance and Potential 2001–02,* 2001.

Building high-performing innovative organizations in both the public and private sectors requires the commitment of top management and all employees. According to The Conference Board, Canada's corporate leaders need to become more passionate about innovation and commit their organizations to it.

The World Economic Forum similarly ranks Canada's current performance as weak, with a "current competitiveness" ranking of 11th in the world (Table B).

Table B: Canada's Innovation Environment
Canada/U.S. Rankings, 2001

	Canada	U.S.
Current Competitiveness	11	2
Growth Competitiveness	3	2

Source: World Economic Forum, *Global Competitiveness Report,* 2001.

Canada has significantly improved its innovation performance over the last few years across a range of key indicators (Chart 6). We have achieved the fastest rate of growth in the number of workers devoted to R&D, in external patent applications, and in business expenditures on R&D among the G-7 countries. Patent activity has been particularly strong for our information and communications technology and biotechnology sectors. R&D expenditures (as a percent of GDP) have also increased at the fastest pace in the G-7.

These gains demonstrate Canada's commitment to innovation. But they are not enough. On most innovation measures Canada started from well back and our gains, while impressive, have not been sufficient to position us strongly in a North American and international context.

Canada's future prospects are brighter according to the World Economic Forum, which gives us a "growth competitiveness" ranking of third. The optimistic assessment of Canada's future economic prospects suggests that we have been making the right policy choices and that businesses are moving in the right direction.

Chart 6: Canada's Innovation Performance

Average annual rate of growth, 1981–99*

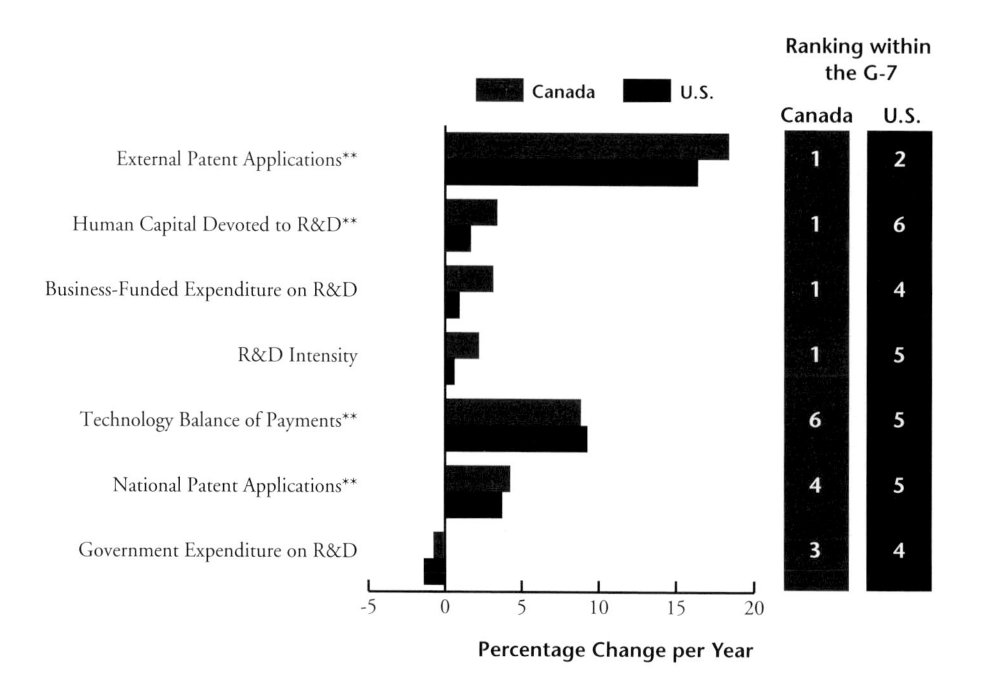

*Or latest available year.
**Adjusted by size of labour force.

Source: OECD, *Main Science and Technology Indicators,* 2001:2.

FACTORS AFFECTING INNOVATION OUTCOMES

This document is organized around three key factors that profoundly influence innovation outcomes: knowledge performance, skills, and the innovation environment. These elements of the national innovation system come together at the community level. Subsequent sections develop a more detailed diagnostic and prescriptions for action.

Knowledge Performance

Many Canadian firms are developing new and improved products for world markets and are actively investing in new and advanced technologies. However, to match world leaders, we must invest in more R&D.

Canada's gross expenditures on R&D reached $21 billion in 2001, up 9 percent over 2000, which, in turn, had increased by 11 percent over 1999.[3] Despite these significant investments, Canada ranks only 14th in the OECD in gross expenditures on R&D relative to GDP.[4] Our weak performance results from low levels of R&D spending in all three key sectors: businesses, universities and governments. Increased investments in R&D are required to generate the knowledge that fuels innovation.

Canadian firms also need to form more of the technology alliances that are key to innovation. In addition, Canada's venture capital industry needs to provide more specialized services to firms with rapid growth potential and tap into new sources of capital.

These challenges must be addressed because the creation and commercial application of knowledge is critical to the competitiveness of the private sector. Governments also require access to a strong knowledge base to protect the public interest in terms of health and safety, for example, and to promote innovation through good policies and smart regulation.

The Knowledge Performance Challenge: Canadian firms do not reap enough benefits from the commercialization of knowledge, and Canada underinvests in research and development. (Section 5 addresses these issues in greater detail.)

Skills

Canada's educated population and highly skilled work force are key strengths in the global economy. However, our supply of highly qualified people is far from assured in the medium term. Canada will have great difficulty becoming more competitive without a greater number of highly qualified people to drive the innovation process and apply innovations, including new technologies.

Skill requirements in the labour market will continue to increase at a rapid pace. Firms will be looking for more research personnel — technicians, specialists, managers — to strengthen their innovative capacity and maintain their competitive advantage. Universities, colleges and government laboratories have already begun launching a hiring drive to replace the large number of professors, teachers, researchers and administrators reaching retirement age. This will result in a huge demand in Canada for highly qualified people.

3. Statistics Canada, *Science Statistics*, Cat. No. 88-001-XIB, Vol. 25, No. 8, November 2001.

4. OECD, *Main Science and Technology Indicators*, 2001:2.

On the supply side, Canada has experienced sluggish growth in higher education participation rates in recent years. In addition, we do not compare well to other countries in terms of upgrading the skills of the existing work force through employee training. While our track record in attracting skilled immigrants is good, we will need to more aggressively seek out highly qualified immigrants in the next decade. If we do not address these issues, Canada will face persistent shortages of the skills required for success in the knowledge-based economy.

Shortages will be exacerbated by international competition for talent as the most advanced economies experience many of the same economic and demographic pressures. If Canada does not take measures *now*, we will certainly face critical shortages in the talent we need to drive our economy.

The Skills Challenge: Canada must ensure that in years to come it has a sufficient supply of highly qualified people with appropriate skills for the knowledge-based economy. (Section 6 addresses these issues in greater detail.)

Innovation Environment

Governments must protect the public interest while encouraging and rewarding innovation. A world-class innovation environment suffers no trade-offs between the two.

Governments carry out their "stewardship" responsibility using instruments such as legislation, regulations, codes and standards. Canada has a strong record in using these tools to ensure that citizens enjoy the benefits of innovation without fearing adverse health, environmental, safety or other consequences.

The accelerated pace of scientific and technological discoveries is, however, putting pressure on governments' ability to respond. If government policies are not equipped to address new scientific and technological developments, the public may not have confidence in new goods and services. Businesses, in turn, may not have sufficient confidence in the stability and predictability of the environment to invest in the risky business of innovation.

Good stewardship relies on a strong knowledge base, access to specialized expertise, and a willingness to think and partner globally. Governments need to make pro-innovation policy choices and pro-innovation investments to create a climate that is predictable and efficient, accountable to the public, and deserving of the confidence of investors.

Tax policy is among the important levers available to governments to encourage investment in innovation. Canada will soon have one of the most competitive business tax regimes in the world, and reductions to personal income taxes will help to attract more highly qualified people.

It is not enough to put in place the conditions for innovation success. It is essential that investors and highly qualified people recognize Canada as a good location in which to invest and live. Too often, they do not consider Canada. Their perceptions are important and must be addressed, or we risk being bypassed in the intense international competition for investment and talent. Governments in Canada must rise to the challenge of being facilitators of innovation and promoters of the "Canadian brand."

The Innovation Environment Challenge: A "public confidence gap" may emerge if stewardship regimes do not keep pace with innovation and technological change. A "business confidence gap" may emerge if businesses are not assured that the policy environment is supportive of innovation and investment, and is recognized as such. (Section 7 addresses these issues in greater detail.)

It is in communities where these elements of the national innovation system come together. Innovation thrives in industrial clusters — internationally competitive growth centres. Governments need to recognize the earliest signs of emerging clusters and provide the right kind of support at the right time to create the conditions for self-sustaining growth. Innovation should not, however, be viewed as exclusively based in large urban centres. Many smaller communities have significant knowledge and entrepreneurial resources. They may, however, lack the networks, infrastructure, investment capital or shared vision to live up to their innovative potential. By coordinating efforts, federal, provincial/territorial and municipal governments can work with the private, academic and voluntary sectors to build local capacity and unleash the full potential of communities across the country. (Section 8 addresses these issues in greater detail.)

A GROWING CONSENSUS

There is a strong convergence of views among decision-makers and observers on Canada's innovation challenge. Governments, businesses and their associations, academic commentators and research institutes share the view that innovation is essential to improving Canada's overall economic performance.

In September 2001, federal, provincial and territorial science and technology ministers forged a consensus on the need for Canada to become one of the most innovative nations in the world. Ministers recognize that reaching this objective is a tremendous challenge and will require complementary efforts and approaches on the part of all governments. They adopted principles to guide future action to advance innovation within their respective jurisdictions, and agreed to meet again this year to review progress.

Principles for Action

Federal, provincial and territorial governments support the goal of making Canada one of the most innovative countries in the world. Ministers recognize that this will require a sustained effort on the part of all players, and that different parts of the country require different policies to achieve this goal. The following principles will help governments put in place a framework to take Canada from 14th to 5th in research intensity among industrialized countries. Governments will make best efforts to:

- *create a competitive business climate conducive to industrial innovation;*
- *make Canada's university-based research and innovation system among the best in the world; and*
- *monitor the innovation system as a whole, report on the health of the system, adjust government policies to correct any deficiencies and encourage all parts of the innovation system to work together.*

The Conference Board of Canada has published three annual reports on Canada's innovation performance. These reports conclude that Canada's innovation performance is weak, and that this is affecting productivity levels and economic performance. The Conference Board is promoting the need for simultaneous action at the national level and at the level of the individual firm. Many support their "Call to Action": Canada must strengthen its commitment to innovation, and firms must improve their practices and capabilities to foster innovation. Business associations, such as Canadian Manufacturers and Exporters, have identified the need to use best business practices in change management, and make innovation a priority in all aspects of business operations.

Universities and research hospitals are increasingly seeking out private sector partners to commercialize their research-based discoveries. Meanwhile, technical institutes and colleges are increasingly supporting the product and market development needs of the private sector. Academic institutions have an essential role to play in strengthening Canada's innovation performance. They have acknowledged that they too must continue to strive for excellence and rise to the innovation challenge.

This convergence of views presents an exceptional opportunity for the main partners in innovation to work together to improve Canada's performance. There is also a growing international consensus on the importance of innovation to nations' economic and social well-being (see Appendix B). This provides all the more impetus and urgency for Canada to succeed in positioning itself as one of the most innovative economies in the world.

AN EMERGING CONSENSUS ON THE IMPORTANCE OF INNOVATION

Federal-provincial-territorial governments agree on the goal of making Canada one of the most innovative countries in the world ... Ministers recognize that this overarching goal cannot be met by government actions alone and call upon all players in the innovation system to play their part.

— *Principles for Action*, Federal-Provincial-Territorial Science and Technology Ministerial Meeting, Québec, September 20–21, 2001

It is time for Canada to adopt a true culture of opportunity and innovation, one that will enable all of us as Canadians to get on with building better lives for ourselves, for our families and for our communities.

— Business Council on National Issues, *Risk and Reward, Creating a Canadian Culture of Innovation*, April 5, 2000

The realities of the market today — intense international competition, the rapid pace of technological development, and the ease with which investment and knowledge flow around the world — mean it is more important than ever for companies to strengthen competitive capabilities based on productivity and innovation.

— Canadian Manufacturers and Exporters, *Canada's Excellence Gap: Benchmarking the Performance of Canadian Industry Against the G7,* August 1, 2001

Canadians must become more innovative. Improvements in our innovative capacity are critical to productivity growth and wealth creation. Companies that are innovative are more profitable, create more jobs and fare better in global markets.

— The Conference Board of Canada, *Performance and Potential 2001–02,* 2001

The private sector, including my own industry and company, needs to be part of the solution as well. We need to foster more innovation to fuel the growth we need to meet our standard of living objective.

— A. Charles Baillie, Chairman and CEO, TD Bank Financial Group, Speech to the Canadian Club, Toronto, February 26, 2001

In innovative economies, concerted action on the part of all levels of government and the private sector is the norm. In Canada, federal, provincial and territorial governments have all made innovation a priority.

Each region in Canada has made significant progress in its innovation performance since the early 1990s.[5] All provinces have reduced internal barriers to trade and have increased their trade orientation with the rest of the world. Ontario was out ahead, with trade in goods and services (imports plus exports) representing 90 percent of its economy. Atlantic Canada experienced the largest increase in enrolment in post-secondary science and engineering programs. The Prairies posted the strongest growth in investment in new technologies — machinery, equipment and advanced technologies. Quebec led the way in terms of attracting increased private sector investment in R&D relative to the size of its economy. British Columbia had the highest adult rates of participation in education and training, and the largest share of household computer use. All regions are increasing their share of highly qualified labour as a percent of the labour force. All governments have significantly improved their fiscal situations — many have eliminated their deficits and are now running surpluses. Canada's successful transition to a knowledge-based economy ultimately depends on the progress of our regions.

The Government of Canada has also made innovation a priority. Early in its first mandate, the government recognized that improving Canada's innovation performance requires action on several fronts.

5. Industry Canada, *Canada's Regions and the Knowledge-Based Economy*, 2000.

GOVERNMENT SUPPORT FOR INNOVATION: 1995 TO 2001

Northern Research

The Yukon's Mining Environment Research Group comprises government agencies, mining companies, Yukon First Nations and non-government organizations. It promotes research in mining and environmental issues. The Nunavut Research Institute is part of Nunavut Arctic College. It develops and promotes traditional knowledge, science, research and technology. The Aurora Research Institute, headquartered in Inuvik, works to improve the quality of life in the Northwest Territories by applying scientific, technological and indigenous knowledge to solve northern problems and advance social and economic goals.

Knowledge Infrastructure

The Nova Scotia Research Trust Fund, the British Columbia Knowledge Development Fund, the Manitoba Innovations Fund and Saskatchewan's Innovation and Science Fund invest in infrastructure to ensure that their researchers have access to facilities and equipment that will enable them to perform leading-edge science.

INNOVATION ENVIRONMENT

The Government of Canada initially focused on improving the environment to support innovation by eliminating the disincentive effects of some policies. The government eliminated most subsidies and other direct interventions in the marketplace because competition, not protection, generates innovation. The government continued to liberalize domestic and international trade to open up markets for Canadians across the country and around the world. The Prime Minister and premiers have led Team Canada trips to promote trade in Canadian goods and services and, more recently, to attract investment into Canada. Regional development and sectoral programs were reoriented to support the private sector's transition to the knowledge-based economy.

Putting public finances in order was also a key priority. The Government of Canada eliminated the deficit and is now paying down the public debt. The federal debt represented 52 percent of GDP in 2000–01, and is expected to fall to 47 percent by 2003–04. This progress is impressive given our starting point — the public debt was at 71 percent of GDP in 1995–96.

Lower public debts free up resources to spend on the social priorities of Canadians, such as health care and education. These investments are important in their own right. They also help Canada to attract the highly qualified people that drive innovation because people want to live in safe, clean communities with high-quality services. In addition, a healthy and educated population attracts investment. The Government of Canada is committed to creating a "virtuous circle" where good economic policy creates the wealth to address social priorities, which, in turn, fuels more innovation and economic growth.

Interest rates are very low as a result of the low and stable inflation rate. Taxes are going down, providing relief to Canadian households and businesses. Business and personal income taxes, including taxes on capital gains, will be reduced by a remarkable $100 billion over five years. This combination of low interest rates and tax cuts is providing a stimulus to the economy that will lessen the impact of the current slowdown and will hasten the return of strong growth.

The Government of Canada is also committed to ensuring that stewardship policies protect the public interest in our rapidly changing and ever more complex world. Progressive marketplace policies have been put in place, as in the case of the Electronic Commerce Strategy, which promotes economic development in a manner that respects consumer privacy and other concerns (see Section 7). The government also committed resources to improve the regulatory system for biotechnology — a field that holds incredible promise and opportunity for Canadians, provided we anticipate and manage risks.

KNOWLEDGE PERFORMANCE

Getting the economic fundamentals right enabled the government to address other priorities. Since knowledge is the key to creating economic opportunities and improving quality of life, the government launched a number of complementary initiatives to:

- enable universities to attract the best and the brightest researchers from around the world;
- develop the infrastructure needed to connect researchers, entrepreneurs and investors — since it is at this intersection that ideas turn into action; and
- ensure that our best ideas get developed into new goods and services for the marketplace.

"One of the most consistent threads that runs through our policies in recent years has been a recognition that innovation is key to both the strength of our economy and to the quality of our lives. Budget 2000 and the October Statement built on that imperative, making large, long-term investments in the knowledge infrastructure of our country — our universities and research institutes."

The Honourable Paul Martin, *Economic Update*, Department of Finance, May 17, 2001

The government's expenditures on science and technology are estimated at $7.4 billion in 2001–02, an increase of 25 percent from the previous peak. A key component is the government's growing investment in the three granting councils to support research at Canadian universities and hospitals. As part of this overall effort, the Canadian Institutes of Health Research was launched in 2000. The government brought various research disciplines together for the first time to address the priority health concerns of Canadians. The granting councils' combined budgets are at their highest level ever at more than $1.1 billion annually, with the 2001 federal budget announcing an additional $121-million contribution. The budget also announced $25 million to sustain the Canadian Institute for Advanced Research (a non-profit corporation that supports long-term scientific research) for five years.

Of great significance to the academic community was the 2001 federal budget announcement of a one-time investment of $200 million to help universities and research hospitals cover administration, maintenance, commercialization and other indirect costs associated with federally sponsored research.

The government also launched Genome Canada, a not-for-profit organization dedicated to making Canada a world leader in genomics research. Five new genomics research centres are drawing together researchers from universities, research hospitals, government laboratories, and private companies. This field has the potential to improve the health of Canadians in ways we could not imagine just a few years ago. The 2001 budget announced a further contribution of $10 million to the BC Cancer Foundation to support ongoing research at its Genome Sequence Centre.

To complement investments in research, the government created the Canada Foundation for Innovation to enable universities to renew their research infrastructure — laboratory equipment, facilities and networks. By 2005, the Foundation's total capital investment, along with those of its partners, will exceed $5.5 billion.

Complementary Provincial Initiatives

Alberta's Heritage Foundation for Medical Research supports biomedical and health research at Alberta universities, affiliated institutions, and other medical and technology-related institutions. Quebec has three R&D granting councils to support research in the health, natural sciences and social science fields.

Oil Sands

Canada's oil sands are a world-class, uniquely Canadian resource. We continue to improve the technology to find safe and environmentally sustainable ways of recovering the oil, and to create tens of thousands of jobs developing the oil sands. In cooperation with governments, academics and industry, researchers have helped reduce economic and environmental barriers to the development of this important resource. With $51 billion in new capital expenditures, the oil sands will be Canada's largest natural resource development opportunity in the next decade.

A Collaboration That Really Took Off

Productivity is soaring at a Canadian company — a world leader in the design, manufacture and support of aircraft engines, gas turbines and space propulsion systems — thanks to a mechanical engineering professor at the University of British Columbia. The professor helped the company save millions of dollars on the manufacture of components for jet engines. He developed adaptive control software to optimize the machining process. The system enabled the firm to cut waste, reduce shutdowns and improve productivity by 50 percent. The technology is now in demand by manufacturers around the world. The research collaboration between the professor and the company was supported by grants from the Natural Sciences and Engineering Research Council of Canada.

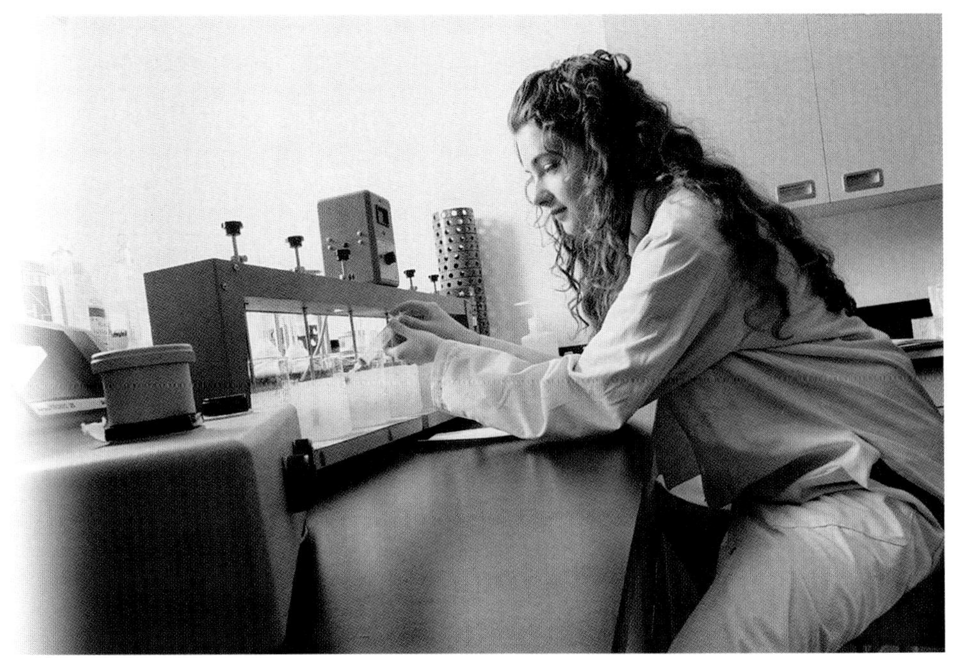

© Photo courtesy of Technology Partnerships Canada.

As part of the Connecting Canadians agenda, the government has supported the development of CA*net 3 to ensure that Canadian researchers can share data, work collaboratively and network with other partners, both in Canada and abroad. As announced in the 2001 budget, the government will provide $110 million of funding to build CA*net 4, a new generation of Internet broadband network architecture that will link all research institutions, including many community colleges, via provincial networks. Successful innovation today depends on the ability of researchers to access and share vast amounts of information quickly and reliably. CA*net 4 will accelerate next generation network applications by enabling medical and genetic research, environmental research and complex simulations. Investments in CA*net 4 will also help to brand Canada as an international network technology leader.

The Government of Canada has also been promoting research and the subsequent development of innovations that are of strategic importance to Canada. Technology Partnerships Canada was created to share the risks of developing strategic world-first technologies with the private sector in priority fields: enabling technologies, environment and aerospace.

Sustainable development is an integral element of the innovation agenda. The government created the Sustainable Development Technology Fund and the Climate Change Action Fund to address global warming and other environmental challenges. These funds support research that will lead to the development of new technologies that will help Canada improve the quality of its air, water and soil. The Canadian Foundation for Climate and Atmospheric Sciences was launched to foster scientific research on the climate system, and environmental indicators are being developed to monitor progress on the status of the environment. In addition, the government has supported complementary sector-specific initiatives, including the Program for Energy R&D, which contributes to a sustainable energy future for Canada, and Technology Early Action Measures, which supports technology projects leading to reductions in greenhouse gas emissions.

The government is committed to bringing university researchers together with firms to ensure that our best ideas make it to the marketplace. The Networks of Centres of Excellence program, which supports collaborative research in priority areas, was made permanent. The networks connect researchers in academic institutions, government and the private sector across a wide range of disciplines and across the country. It is often at the intersection of their fields that the most important innovations emerge. This program has attracted worldwide attention.

The government is also committed to ensuring that it has access to the R&D it needs both to make sound stewardship decisions and to stimulate economic development. The 1999 federal budget committed $65 million to modernize and strengthen the federal food safety system, $42 million to improve the management and control of toxic substances in the environment, food and drinking water, $55 million over three years to support biotechnology research in federal departments and agencies, and $60 million over five years to support the GeoConnections initiative, which makes geographic information more accessible.

Complementary Provincial Initiatives

Many provinces facilitate the commercialization of discoveries. Quebec's Centre de recherche industrielle du Québec responds to industry needs and contributes to the transfer of expertise and know-how to the manufacturing sector. Nova Scotia's Life Sciences Industry Partnership facilitates the identification and development of opportunities in the life sciences industry. Ontario has created Biotechnology Commercialization Centres in Ottawa, London and Toronto. The Atlantic Technology Centre in Prince Edward Island will stimulate new partnerships to encourage innovative applied research and development projects.

The Industrial Research Assistance Program helps small and medium-sized firms in Canada develop and adopt new technologies by offering both technical and financial assistance. Meanwhile, the Business Development Bank of Canada's role was reoriented to finance the emerging needs of knowledge-based firms. The Bank not only offers financial services, but also runs a mentoring network to help companies develop and upgrade skills that are critical to their ongoing success.

Ensuring that Canada's regions and communities are all able to make the transition to a knowledge-based economy is another key priority. The Government of Canada created the Atlantic Innovation Fund to improve the Atlantic provinces' capacity to create, adopt and commercialize knowledge. The fund will support partnerships and alliances among firms, universities, research institutions and other organizations in Atlantic Canada.

With research institutes, centres and programs spanning all regions of the country, the National Research Council Canada is making a significant contribution to the development of clusters of research and commercialization activity. The 2001 budget provided an additional $110 million over three years to expand the National Research Council Canada's innovation initiative beyond Atlantic Canada.

SKILLS

The Government of Canada broadened its strategy in 1998 to encourage the development of highly qualified people.

The Canada Research Chairs program was launched to help Canadian universities and research hospitals attract and retain top academic talent from around the world. Budget 2000 committed $900 million over five years to create 2000 new research chairs. With this program, the Government of Canada has gone a long way toward unleashing the full research potential of Canadian universities and affiliated hospitals. They now have the resources to attract and retain top talent, and that talent has access to the funding and infrastructure that will enable them to perform at the leading edge.

The Government of Canada launched Canada Millennium Scholarships to enable more Canadians to pursue a post-secondary education, Canada Study Grants to help students with dependants and disabilities, and Canada Education Savings Grants to enable parents to save for their children's education. Tax measures were also implemented to help Canadians finance their education needs.

Smart Community

In Ontario, the Keewaytinook Okimakanak First Nation, in partnership with governments and the private sector, developed an information and technology service supported by a high-speed broadband network. The network is bringing social and economic advantages to seven communities. It provides a new telephone system with standard telecommunication products, such as e-mail, Internet services and video conferencing. More importantly, the network enables distance education, tele-medicine and multimedia production.

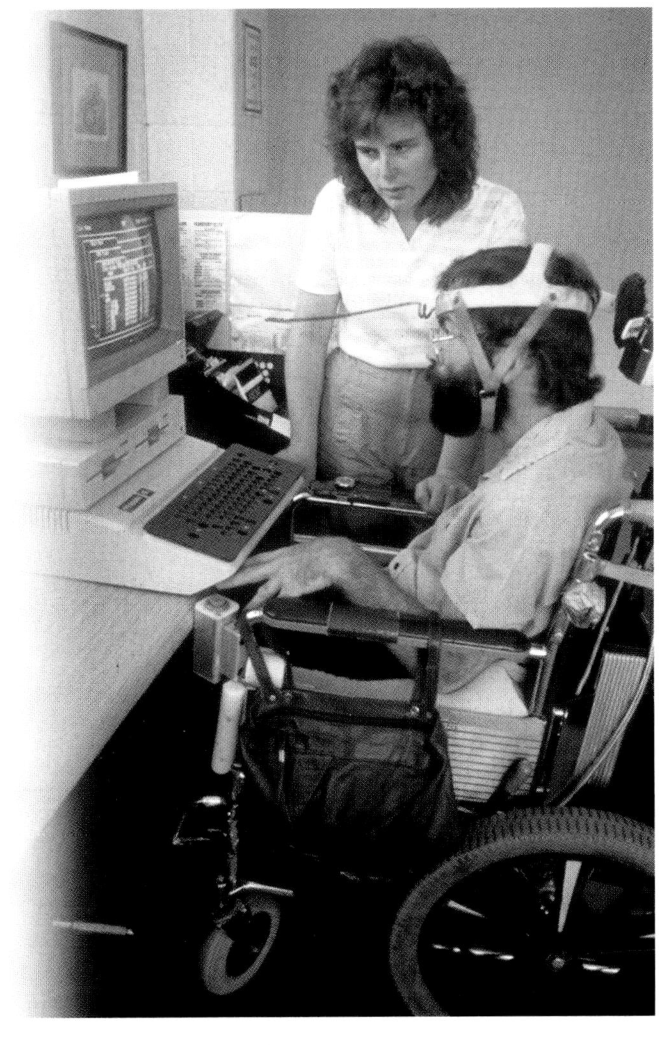

The Internet and computer skills are as fundamental to an individual's success in the knowledge-based economy as basic literacy and numeracy skills. To capitalize on the many potential economic and social benefits of innovation, it is essential that all Canadians and businesses have access to the Internet and the skills to use it. Therefore, an element of the Connecting Canadians agenda involves improving access by First Nations and rural communities, and by people with disabilities, to the transformative economic and social benefits of the Internet.

Canada is now recognized as a world leader in connectivity as a result of programs such as SchoolNet, the Community Access Program and Smart Communities. Yet the speed of change continues to accelerate and Canada must continue to develop and strengthen its information infrastructure. Looking ahead, as indicated in the 2001 Speech from the Throne, the government will work with Canadian industry, the provinces and territories, communities and the public on private sector solutions to further broadband Internet coverage in Canada, particularly for rural and remote areas.

A GOOD BEGINNING

The Government of Canada is confident that its approach to improving Canada's innovation performance is the right one. A solid foundation has been laid by systematically focusing on all of the elements of innovation. Moreover, investments in one area often serve to strengthen another component of our innovation system. We are getting tremendous synergy from our investments. It will, however, take time for these investments to pay off. The government is confident that they will. But innovation is a race that is run over and over again as other nations continue to invest in their capacity to innovate. The Government of Canada will do its part by continuing to invest in priority areas.

To address the challenges we face and become an innovation leader, Canada needs a consolidated, coordinated and aggressive plan. The Government of Canada will work with the provinces and territories, businesses, academia and others to develop a national innovation strategy for the 21st century. As announced in the 2001 Speech from the Throne, the overall objective should be to ensure that Canada is recognized as one of the most innovative countries in the world.

Clear, shared, long-term goals (e.g. for R&D performance, stewardship and skills development) must form an essential part of the strategy. The Government of Canada is also committed to developing an innovation strategy that will achieve measurable outcomes. Monitoring and reporting on innovation outcomes will make it possible to track performance, make course corrections and improve accountability.

To kick off the development of a national innovation strategy, the remainder of this paper elaborates on Canada's innovation challenge and proposes goals, targets and federal priorities in the following three principal areas.

AN INNOVATION STRATEGY FOR THE 21ST CENTURY

NASA image courtesy Canadian Space Agency, www.space.gc.ca

Knowledge Performance Challenge	Create and use knowledge strategically to benefit Canadians: promote the creation, adoption, and commercialization of knowledge.
Skills Challenge	Increase the supply of highly qualified people: ensure the supply of people who create and use knowledge.
Innovation Environment Challenge	Work toward a better innovation environment: build an environment of trust and confidence, where the public interest is protected and market-place policies provide incentives to innovate.

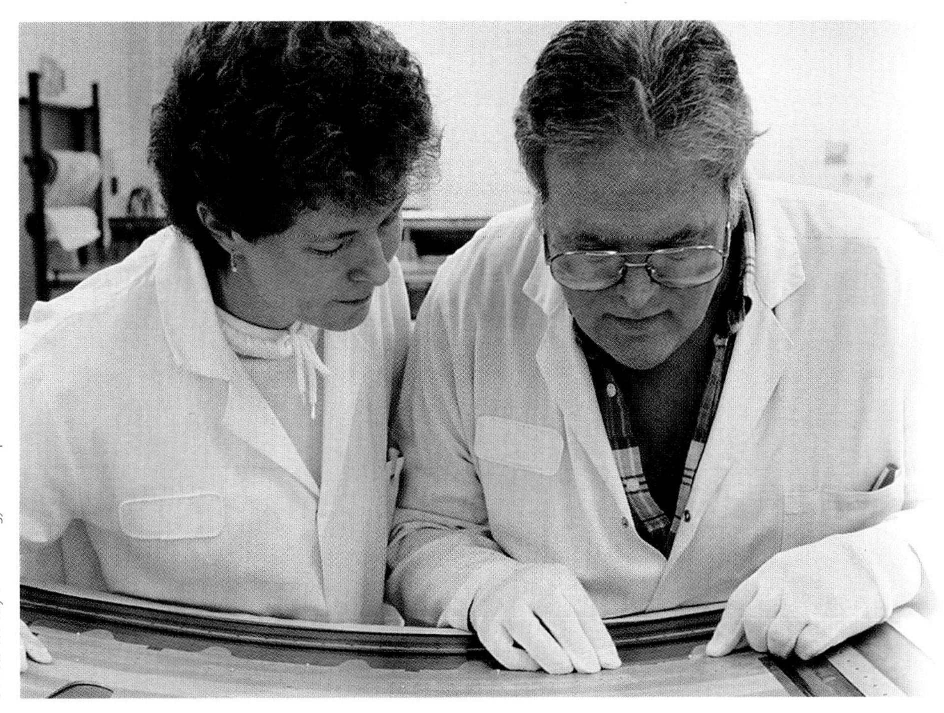

THE KNOWLEDGE PERFORMANCE CHALLENGE

To become one of the most innovative countries in the world, Canada must manage knowledge as a strategic national asset. We need to be able to turn our best ideas into new opportunities for global markets. In a global economy where Canada contributes an important, albeit small, portion of the total pool of knowledge, we must also be able to make use of knowledge and technology that is developed around the world.

Many Canadian firms are developing and successfully commercializing new or significantly improved products and services in world markets. Many more are adopting innovations, be they new technologies or improved business practices, which embody the latest thinking from markets around the world. Canada needs to celebrate its successes as we move to create a culture that values innovation and supports innovators.

Canadian investments in machinery and equipment as a percent of GDP are now among the highest in the OECD. Governments compete to attract R&D investment, and Canada lays claim to one of the most favourable R&D tax incentives in the OECD. The private sector is increasing its investment in R&D at the fastest rate in the G-7, and the number of people devoted to R&D in Canada has grown at the fastest pace in the G-7 in the last two decades. Canadian firms are hiring an increasing share of these workers, demonstrating a growing commitment to innovation. The communications equipment and service sectors in Canada are particularly strong R&D performers relative to their counterparts in the OECD. Canada's R&D intensity and external patent applications have grown at the fastest pace in the G-7. Canadian firms also rely more on universities as a source of important research-based innovation than do other G-7 countries.

© Photo courtesy of Technology Partnerships Canada.

Canada has made impressive advances in recent years. But these have not been sufficient to catch up across a range of innovation indicators, relative to other countries, because we started from a long way back. The private sector in Canada needs to develop more aggressively its capacity to commercialize and adopt technologies to remain competitive. This will require an increased investment in research and development, more strategic alliances and improved access to risk capital.

"In 1991, Canada chose the familiar and comfortable path of replication, benchmarking and operational improvement. In 2000, the nation must choose the alternative path of innovation and bold strategy . . . . Canadian firms must understand that competing in Canada alone will eventually destroy them. They must decide to compete globally and compete on the basis of unique products and processes. This road will be profoundly worrisome, even frightening at times, but it is necessary for Canada to prosper and not continue to slowly decline relative to other leading nations."

Roger L. Martin and Michael E. Porter, *Canadian Competitiveness; Nine Years after the Crossroads*, Toronto, Rotman School of Business, January 2000.

Commercialization

Throughout the 1990s, many Canadian firms responded to globalization by restructuring operations, with an emphasis on cost reduction.[6] This adjustment was eased by the depreciation of the Canadian currency relative to that of our main competitor, the U.S. Cost competitiveness is not sufficient to position companies in a global marketplace where competition is increasingly driven by quality rather than price. To succeed, firms need to apply and commercialize knowledge — to innovate and be first to market with better products and improved processes.

6. C. Kwan, "Restructuring in the Canadian Economy: A Survey of Firms," *Bank of Canada Review*, Summer 2000, pp. 15–26.

Many firms, large and small, see innovation as *the* way to keep up with competitors, meet changing client needs, grow profit margins and increase productivity. In recent years, at least 80 percent of Canadian manufacturing companies successfully introduced a new or significantly improved product or process (Chart 7). Fully 26 percent of Canadian manufacturing firms were "first innovators." They introduced innovations that were entirely new to Canada or, in some instances, new to the world. First innovators share common characteristics. They are more likely to be large, in the high-technology sector, perform R&D and protect their intellectual property.

Chart 7: Innovation Among Manufacturing Firms

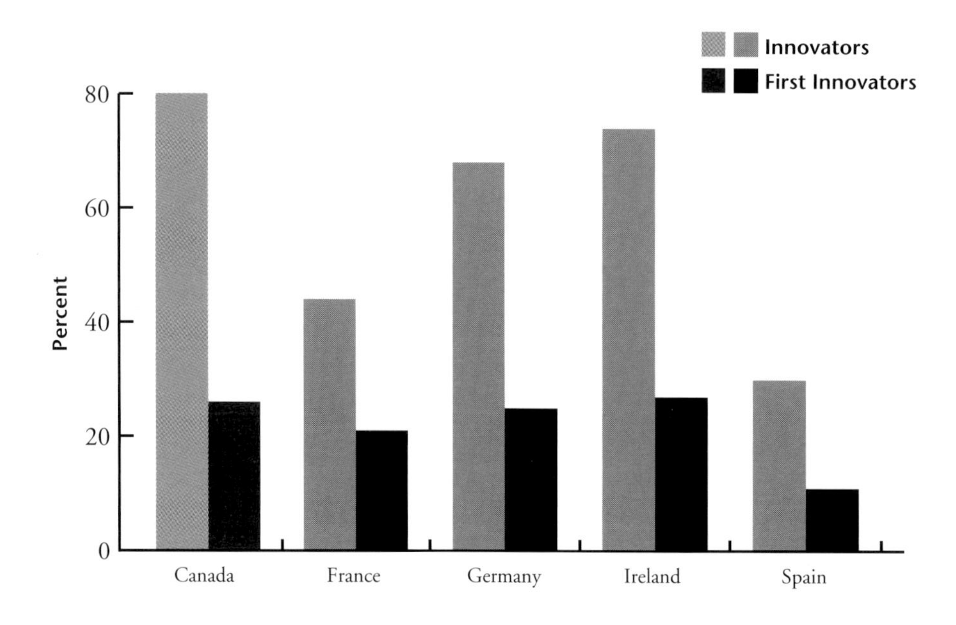

Source: Mohnen and Therrien, *How Innovative are Canadian Firms Compared to Some European Firms? A Comparative Look at Innovation Surveys,* Merit Research Memorandum, 2001-033, Maastricht, 2001.

On the surface, Canada's manufacturing firms appear to be more innovative than their counterparts in select European countries for which there are comparable data. But the real test of an innovation for the firm is whether it has value in the marketplace. Firms in Germany, Spain and Ireland enjoy substantially more sales from their innovations (Chart 8). Canadian firms trail in their ability to capture economic benefits from their innovations. This was confirmed by The Conference Board of Canada. The Board's first annual innovation report served as a challenge to the private sector in noting that:

"While most large Canadian firms innovate in one way or another, there is significant room for improvement. Only two thirds of them innovate in all areas, and only about half of them use all key inputs for technological innovation. Furthermore the level of product innovation in large Canadian companies seems to be weak, given the reduction in product life cycles and the increasing number of new products and services being introduced into the marketplace by competitors. While the report does not investigate smaller firms, there is some evidence that the problem is worse than among larger companies."

Chart 8: Share of Sales from New or Improved Products

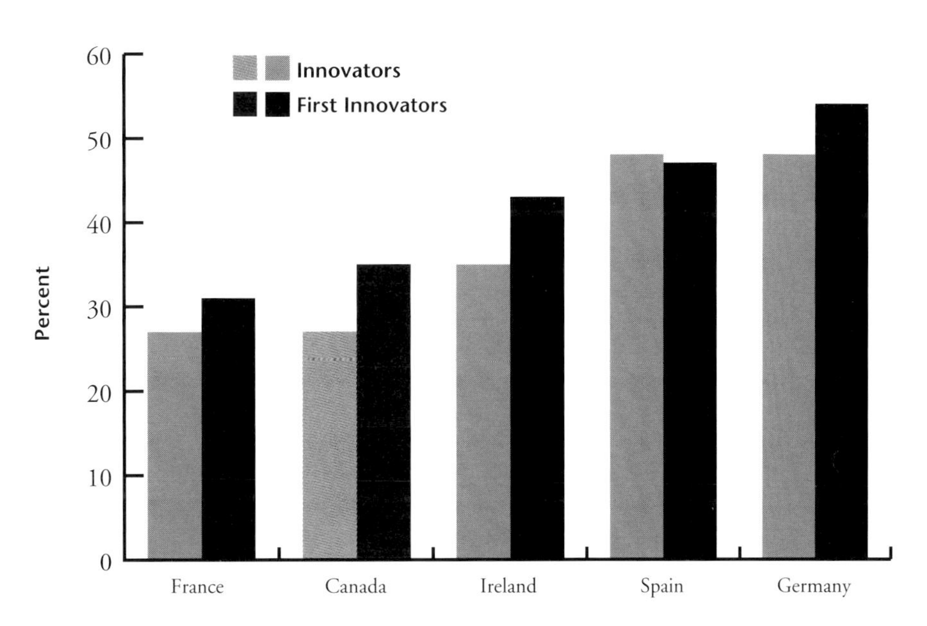

Source: Mohnen and Therrien, *How Innovative are Canadian Firms Compared to Some European Firms? A Comparative Look at Innovation Surveys,* Merit Research Memorandum, 2001-033, Maastricht, 2001.

Adopting Innovations

Canadian firms are investing heavily in machinery and equipment. Over the past decade, Canadian investments in this area, as a percent of GDP, went from among the lowest to the highest levels in the OECD.[7] This is important because the adoption of new technologies enables Canadian firms to become more productive and competitive. In addition, new machinery and equipment is often a necessary element of a broader strategy to develop or significantly improve new products for global markets.

7. The Conference Board of Canada, *Investing in Innovation: 3rd Annual Innovation Report,* 2001.

Innovative firms do not just adopt new technologies, they adopt advanced, leading-edge technologies. Almost all of Canada's large manufacturing firms are using more than five advanced technologies (Chart 9). Even more encouraging,

Chart 9: Canadian Manufacturing Firms Using More Than Five Advanced Technologies

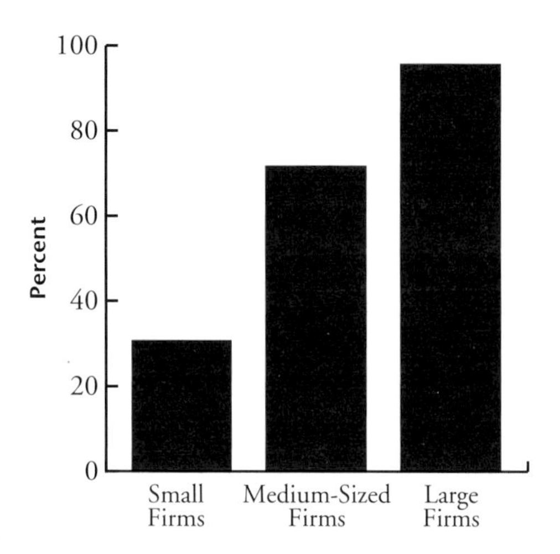

Source: Statistics Canada, special tabulations for Industry Canada based on the *Survey of Advanced Technology in Canadian Manufacturing,* 1998.

© Photo courtesy of Canada's SchoolNet.

Chart 10: E-Commerce Sales as Percentage of Total Sales, 2000

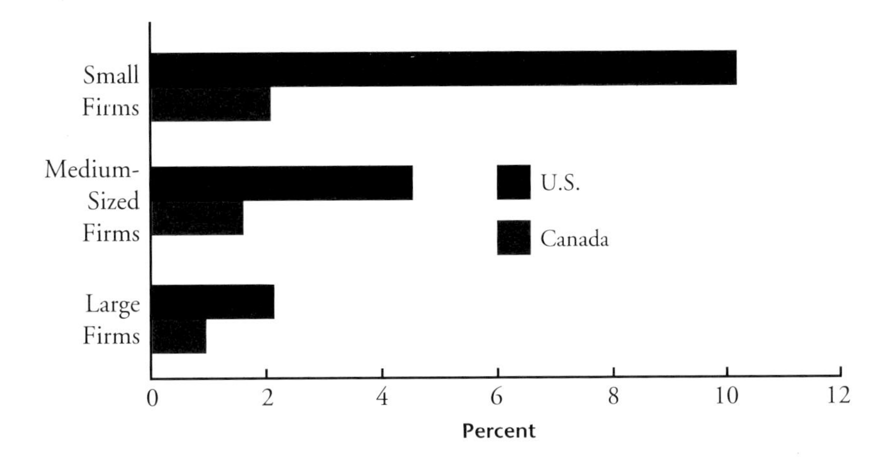

Source: IDC Canada for the Canadian E-Business Opportunities Roundtable, *Canada–US e-Business Gap Analysis,* June 2001.

24 percent of plant managers surveyed believed that they were using more advanced technologies than their U.S. competitors, while another 33 percent rated themselves as equal. On balance, however, the evidence suggests that small, domestic firms are considerably behind foreign-owned firms in the use of advanced technologies.

Canadian firms of all sizes are also considerably behind their U.S. counterparts in adopting the technologies and implementing the innovative business practices required to take advantage of electronic commerce market opportunities. Canadian investments in information and communications technologies (per employee) are well below U.S. levels, and the gap is widening. One effect is to limit Canada's ability to capture electronic market sales (Chart 10).

Information and communications technologies and the Internet are revolutionizing the way companies do business. The transformative impact has been felt in the explosive growth of business-to-business electronic commerce in such areas as procurement, direct sales, inventory management, marketing and product development. Increasingly, customers, partners, suppliers and employees of a firm are connecting among themselves and networking through real time, sharing critical knowledge and information. Decisions and processes that once took days now occur in seconds, driving the entire organization and its partners to higher levels of efficiency, productivity and innovation. There will be serious competitive consequences for firms that fail to take full advantage of these new important technologies.

FACTORS THAT AFFECT THE COMMERCIAL APPLICATION OF KNOWLEDGE

Three factors have a considerable impact on the private sector's capacity to innovate: R&D, strategic alliances and access to risk capital.

Research and Development

Private Sector

The private sector performs about 57 percent of Canada's R&D.[8] Many firms across Canada engage in R&D, and they have access to one of the most generous R&D tax credits in the world. The private sector increased its investments in R&D at a faster pace than did businesses in any of the other G-7 countries. There has also been significant growth in the proportion of total R&D workers in Canada that are employed by industry.

The service sector is among the strong R&D performers in Canada. It accounts for about 27 percent of all business R&D activity, well above the 17 percent OECD average. Canada's communications equipment industry is another bright spot. It invests more in R&D as a percent of sales than its counterparts in other OECD countries.[9]

8. OECD, *Main Science and Technology Indicators*, 2001:2.

9. OECD, *Science, Technology and Industry Scoreboard*, 2001.

Spider Silk

A Canadian company has produced the most realistic, artificial spider silk to date. The fibre is derived from goat's milk genetically modified with spider genes. The resulting material is tough enough to protect spacecraft from flying debris and fine enough to be used in the medical field as sutures.

Ocean Nutrition

A Nova Scotia company is a world leader in the research and production of marine-based natural health and nutritional products (dietary supplements and functional foods). The company employs more than 30 research scientists and operates the largest privately owned marine natural products research facility in North America. It has discovered and developed effective, stable and bioavailable nutrients, which are essential for healthy human cells and reduce the risk of brain disorders. Its high-quality products meet Good Manufacturing Practice standards.

Overall, however, R&D performed by Canada's private sector continues to lag behind major OECD countries. Canada ranks 13th in business spending as a share of GDP, well below internationally competitive levels.[10] To some extent this reflects the larger presence of foreign-controlled firms in Canada (which tend to spend more on R&D in their home countries), a smaller presence of high-technology firms (which tend to be the big R&D spenders), and the predominance of small firms in Canada (which have fewer resources to dedicate to R&D).[11]

10. OECD, *Main Science and Technology Indicators*, 2001:2.

11. Jianmin Tang and Someshwar Rao, *R&D Propensity and Productivity Performance of Foreign-Controlled Firms in Canada*, Industry Canada, Working Paper No. 33, March 2001; and The Conference Board of Canada, *Building the Future: 1st Annual Innovation Report*, 1999.

Private R&D expenditures are also highly concentrated in Canada. Four firms account for 30 percent of all private sector research.[12] One sector alone, information and communications technology, accounts for 44 percent.[13]

In the global, knowledge-based economy, firms that invest significantly in R&D are more likely to thrive. They are better able to compete in global markets by offering their customers new or significantly improved products and services. Firms that continue to offer the same goods and services are forced to compete largely on the basis of costs. They face increasing numbers of global competitors with lower costs of production. R&D should be seen as an investment in the future of the firm rather than a cost of doing business.

Universities

Universities perform 31 percent of Canada's R&D;[14] this contribution to national R&D is high compared to other countries.

Universities are key players in Canada's innovation system. They develop a highly qualified work force and perform the research that will fuel Canada's long-term competitiveness. They are collaborating with Canadian firms to develop new technologies and are an important source of new spin-off companies.

Universities play an important role in stimulating innovation in all countries, but their ties to the private sector make them a particularly important player in Canada. Canadian firms contract out over 6 percent of their R&D to universities — well above levels in other G-7 countries (Chart 11). The strong tie between firms

12. Industry Canada estimates based on (unpublished) Statistics Canada (88-202-XIB) data, 2000.
13. OECD, *Science, Technology and Industry Scoreboard*, 2001.
14. OECD, *Main Science and Technology Indicators*, 2001:2.

Chart 11: Share of Industry-Funded R&D Performed in Universities, 2000*

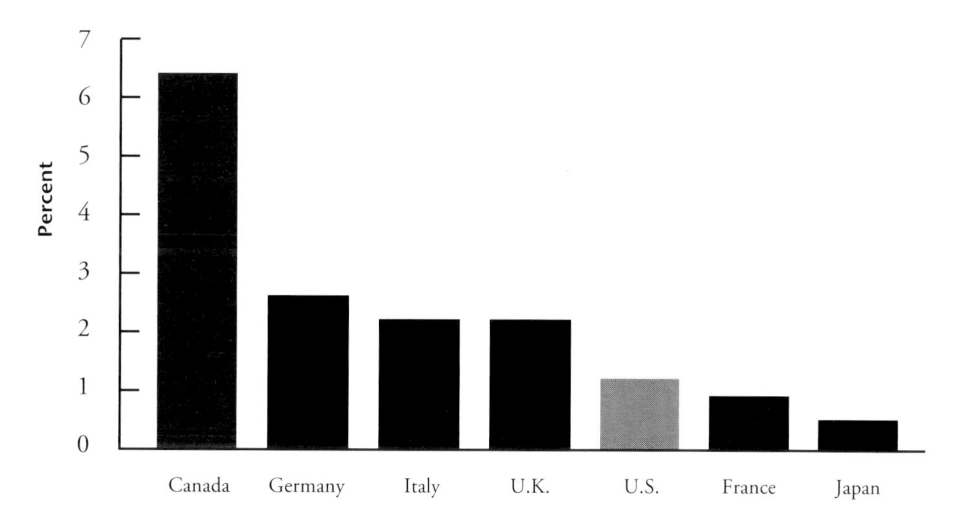

***Canada (2000), France (1999), Germany (1999), Italy (1998), Japan (1998), U.K. (1998), U.S. (1999).**

Source: OECD, *Basic Science and Technology Statistics*, 2000.

The R-2000 Home

North America's first cost-effective, energy-efficient home, the R-2000, was a joint effort of the University of Saskatchewan and Natural Resources Canada. A professor of mechanical engineering developed the first heat-recovery ventilator. The system recovers the energy from stale exhaust air and uses it to warm the fresh air coming into the house, resulting in better air quality. The system has been especially beneficial for people with asthma or allergies. The Natural Sciences and Engineering Research Council of Canada has also supported the professor's research throughout his career.

and academia in Canada reflects the private sector's need to access scientific knowledge that it does not possess in order to remain competitive, and universities' desire to diffuse their knowledge in ways that result in social and economic benefits for Canadians.

Most countries believe that their innovation potential is strengthened by a sustained commitment to funding university research, and Canada is no exception. The Government of Canada has invested significantly in university research in recent years and is committed to unleashing the full potential of universities.

University research is crucial to the education of the next generation of researchers and highly qualified people. According to the Association of Universities and Colleges of Canada, universities face a projected 20–30 percent increase in enrolment over the next decade. At the same time, nearly two thirds of current faculty will retire. As many as 30 000 faculty members will need to be recruited from Canada and abroad. This will occur as international competition for highly skilled workers increases. Younger faculty members, most of whom will have been trained in a research-intensive environment, expect to conduct research. Adequate research funding will, therefore, be essential for Canada to develop, attract and retain top quality faculty — and train the next generation of highly qualified people.

Another critical challenge for the university community is that funding has not kept pace with a research endeavour that has become increasingly complex and sophisticated. Research today is characterized by teams that operate globally and under increased demands (e.g. animal care, human ethics and environmental assessment). The costs associated with these new demands, often termed the "indirect" costs of research, are not fully covered by federal or provincial/territorial governments. Researchers in the U.S. and U.K. have had these costs covered for many years.

Reports by the Prime Minister's Advisory Council on Science and Technology concluded that the Government of Canada should support a greater share of the cost of the research that it sponsors, recognizing the relatively higher costs of smaller universities. Small universities provide a similar range of research infrastructure with fewer resources. The challenge for smaller universities, however, is not to replicate the diversity of larger universities, but to strategically position themselves in specialty areas and lever their relatively scarce resources for maximum impact. Budget 2001 took initial steps to support the indirect costs of research by providing a one-time investment of $200 million. The government will need to work with the university community to define the basis for ongoing support.

University research results are often published in academic journals, contributing to the global knowledge pool. Canada has reason to be proud of its post-secondary institutions. We perform comparatively well in scientific papers generated for every million dollars invested in research. The high quality of these papers is clear given the frequency with which Canadian research is cited in other countries' work.

Security Enhancing Innovations

A Canadian mechanical engineering professor at the University of New Brunswick is developing new technologies for detecting materials that pose a threat to security, safety, health and the environment. His newest device produces three-dimensional images of concealed objects in items such as luggage and cargo. These imaging systems were developed with the help of the Natural Sciences and Engineering Research Council of Canada.

© Photo courtesy of Technology Partnerships Canada.

Canadian investments in university research, both private and public, are also generating economic benefits. In 1999 Canadian universities and research hospitals earned $21 million in royalties, held $55 million in equity, generated 893 invention disclosures, were issued 349 new patents and executed 232 new licences.[15] To date they have spun off as many as 818 companies, posting a strong record relative to the U.S.[16] The Association of University Technology Managers estimates that the commercialization of academic research in Canada resulted in more than $1.6 billion in sales and supported more than 7300 jobs in 1999.[17] The evidence suggests that universities can contribute to economic growth and benefit from industrial funding without compromising their role as key performers of basic research, and without compromising their ability to disseminate results widely through publishing.

15. Statistics Canada, *Survey of Intellectual Property Commercialization in the Higher Education Sector*, SIEDD Working Paper ST-00-01, Cat. No. 88F0006XIB-00001, 1999.

16. Denys Cooper, National Research Council Canada, Industrial Research Assistance Program, 2001.

17. Association of University Technology Managers, Inc., *AUTM Licensing Survey: FY 1999*, 2000.

A comparison of the 139 U.S. and 20 Canadian universities that report to the Association of University Technology Managers suggests that there is still room for improvement. Although the U.S. universities perform about 14 times as much research as their Canadian counterparts, they receive 49 times as much licensing income — a key indicator of the value of innovations.[18] Recommendations by the Advisory Council on Science and Technology centred on the need for the government to provide financial support to enable universities to increase their level of effort.

18. Association of University Technology Managers, Inc., *AUTM Licensing Survey: FY 1999*, 2000.

In return, universities need to focus on areas of excellence, train greater numbers of highly qualified people in the skills required by the private sector and government, and more aggressively seek out commercial applications for publicly funded research. Key commercialization performance outcomes should at least triple over the next decade. This will require the development of long-term innovation strategies, supported by stretch goals and targets. It will require clear intellectual property policies, and aggressive efforts to develop the technology transfer practitioners that are in short supply. Most important, it will require a serious commitment to ensuring that, whenever possible, Canadians benefit from the public investment in research. Universities need to be held more accountable for reporting on the benefits that accrue to Canadians from the very substantial annual public investment in research.

Governments

Governments perform about 11 percent of Canada's R&D. This is comparable to the average for OECD countries.[19] There are approximately 200 Government of Canada R&D laboratories with a $1.7-billion research budget and 14 000 research scientists and engineers.[20]

19. OECD, *Main Science and Technology Indicators*, 2001:2.

20. Statistics Canada, *Science Statistics*, Cat. No. 88-001-XIB, Vol. 25, No. 9, November 2001.

Over much of the 20th century, a high level of government R&D was necessary because there was little university or private sector R&D. Today, Canada enjoys a strong system of universities, and our private sector has one of the fastest rates of growth in expenditures on R&D in the G-7. In response, the government has focused its efforts in areas where its R&D needs cannot be met by others. In the area of public interest (e.g. health and safety, environment and stewardship of natural resources) governments are the agents charged with the duty of carrying out or funding the research upon which sound regulatory policies rely. Governments also have key roles to play as builders, holders and facilitators of a research infrastructure that supports Canada's innovation system.

UV Index and Prediction Program

Government scientists developed the UV Index to help Canadians gauge the strength of ultraviolet radiation and take precautions against sunburn. The UV Index is calculated from data collected at 13 monitoring sites across Canada. The Canadian Meteorological Centre uses these data to issue nation-wide daily forecasts of the next day's UV Index. This program has set a global standard. The Government of Canada granted a licence to manufacture the necessary equipment to a Canadian firm, which is now selling the equipment around the world.

Over the past several years, the Council of Science and Technology Advisors has been examining the role of the Government of Canada's laboratories in Canadian society. Their studies have shown that the government's system has many strengths. It is responsible for Canada's outstanding record on public health and safety, it has established a strong system of industrial standards, and it has built infrastructure that supports economic development. Historically, several sectors of the Canadian economy have depended heavily on the government for R&D, notably the agriculture and fisheries sectors.

The R&D performed by the Government of Canada, as measured by research papers published or the extent to which these papers are used by other researchers, is high quality and productive relative to other countries. In a number of specialized areas, including natural resources and the environment, the greatest concentration of research expertise in Canada is located within the government's laboratories.

When the research has commercial potential, departments actively seek out private sector partners to take their discoveries to market. In 1999 alone, the government was issued 89 patents, granted 191 licences and received $12 million in royalties.[21] Government of Canada laboratories have spun off 48 new companies to date and outperform U.S. government laboratories (relative to the size of our research base) in terms of royalties, new licences and patent applications.[22]

21. Statistics Canada, 1999, Federal Science Expenditures and Personnel 1999/2000, Intellectual Property Management, fiscal year 1998/99.

22. Industry Canada based on: Statistics Canada, 1999, Federal Science Expenditures and Personnel 1999/2000, Intellectual Property Management, fiscal year 1998/99; and U.S. Department of Commerce.

Key Roles for Government Science and Technology

Support for decision making, policy development and regulations:

- *Environment Canada's research activities support its ability to develop policies and enforce regulations on environmental protection and quality.*
- *Health Canada's Health Products and Food Branch carries out research to ensure the safety of drugs and food, as well as the safe implementation of new health-related technologies.*

Development and management of standards:

- *The National Research Council Canada's Institute for Research in Construction provides research, building code development, and materials evaluation services.*

Support for public health, safety, environmental and/or defence needs:

- *The Canadian Science Centre for Human and Animal Health in Winnipeg is the first facility in the world to accommodate research into established and emerging diseases in humans and animals at the highest level of biocontainment.*
- *Defence R&D Canada not only supports research into new technology for Canada's military, but also develops and adapts technologies that improve the security and safety of Canadians.*

Enabling economic and social development:

- *The Research Institutes of the National Research Council Canada form the nuclei of technology clusters in areas such as biotechnology, aerospace, fuel cells and nanotechnology across Canada.*
- *Agriculture and Agri-Food Canada supports research with the private sector that is readily transferable to the client for the generation of new business and economic growth.*

Source: Council of Science and Technology Advisors, *Building Excellence in Science and Technology: The Federal Roles in Performing Science and Technology*, Ottawa, 1999.

Help from Space

Environment Canada's Ice Service and Natural Resources Canada's Centre for Remote Sensing performed the R&D that led to the operational use of RADARSAT-1 data for sea ice monitoring. The transition from aerial reconnaissance to the Canadian Space Agency's RADARSAT-1 satellite improved the quality and coverage of the sea ice monitoring service, while saving over $6 million per year.

As has been noted by the Council of Science and Technology Advisors, government laboratories face a number of significant challenges. Renewal of an ageing researcher population will be a pressing issue over the next decade. As knowledge continues to advance in areas such as biotechnology, the skills required to provide government with the knowledge necessary to take sound decisions are changing rapidly. Not only is there a need for renewal because of demographics, but there is also a need for new skills because of advances in knowledge.

The government's ability to protect health, safety and other public interests increasingly depends on access to high-quality scientific knowledge. Governments need a deep and broad understanding of the latest breakthroughs and their potential impacts on people and their environment. The public and the business community need to be confident that governments are keeping up with current developments in science.

It may be appropriate to consider new partnership models across government departments, and including other R&D players, to address key emerging issues such as security and water safety. Stronger networks among government, academia and private sector researchers would enable the government to benefit from the best expertise the country has to offer.

Courtesy Canadian Space Agency

Strategic Alliances

Innovation can be both risky and costly, and often requires expertise from outside the firm. The pooling of resources, expertise and risk is particularly important for smaller firms. Beyond mitigating risk, alliances enable firms to reduce research costs and to access new markets. Canada's more innovative firms form collaborative alliances with public and private sector organizations at home and abroad.[23] They range from informal sharing of information, to structured strategic alliances within the country, to international alliances with suppliers, customers and even competitors.

23. Statistics Canada, *Survey of Innovation*, 1999.

The Conference Board of Canada, in its second annual innovation report, confirmed that "firms that collaborate are more likely to draw a higher share of revenue from the sale of new products. These firms are significantly more likely to introduce breakthrough (world-first) innovations."

In general, Canadian firms have a strong international track record in forming strategic alliances for joint marketing and sales activities. Compared to our competitors, however, Canadian firms form fewer of the alliances that are key to the development of new technologies (Chart 12). Technology alliances involve the pooling of resources to reduce the risks and costs inherent in innovation.

According to The Conference Board, large firms are well advanced in terms of their level of collaboration. Small and medium-sized enterprises, however, face particular challenges given the management time required to develop alliances while dealing with the day-to-day demands of running a successful business. Governments can play a role in facilitating more alliances, but the private sector must take the lead in recognizing and acting on opportunities to benefit from the best science and expertise the world has to offer.

Venture Capital

Venture capital investments are typically placed in smaller firms to support and accelerate the commercialization of new technologies. In keeping with global trends, Canada's venture capital industry has shown strong growth in recent years (Chart 13). In 2000, total capital under management reached an impressive $19 billion. This represents the value of current plus past year investments and commitments by Canadian venture capitalists.

Incremental venture capital investments in Canada amounted to $6.6 billion in 2000 alone (annual disbursements). Disbursements have grown at a compound annual rate of 56 percent since 1994.

As expected, with the recent downturn in the economy, venture capital investments will likely be lower in 2001. Preliminary data for the first nine months suggest that an additional $5 billion will have been invested in Canada in 2001 — below the 2000 peak, but still well above the 1999 level. The U.S. is expected to drop to below the level it posted in 1999.

Chart 12: Technological Alliances Between Firms, 1989–98

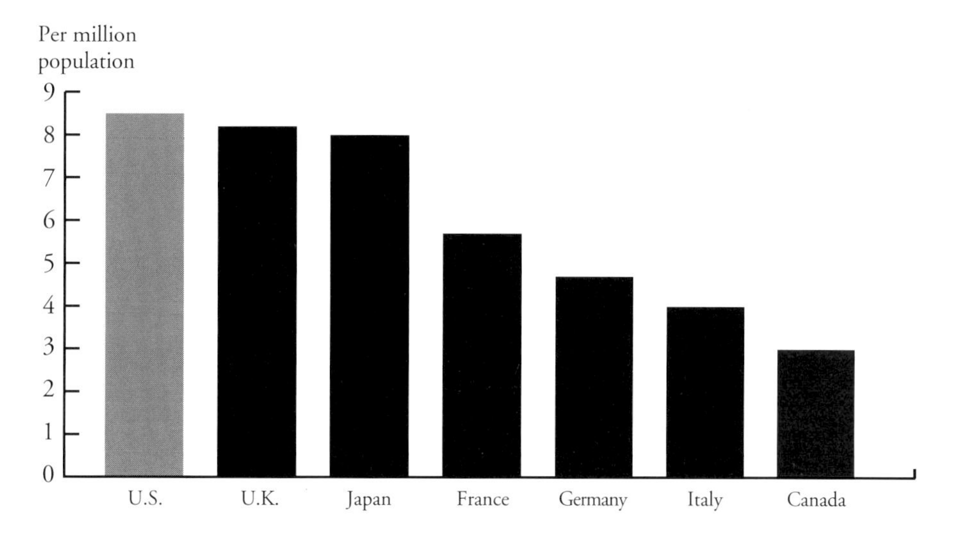

Source: Data estimated from the Maastricht Economic Research Institute on Innovation and Technology (MERIT) as cited in Department of Trade & Industry, *UK Competitiveness Indicators, second edition*. 2001.

Chart 13: Canadian Venture Capital Trends

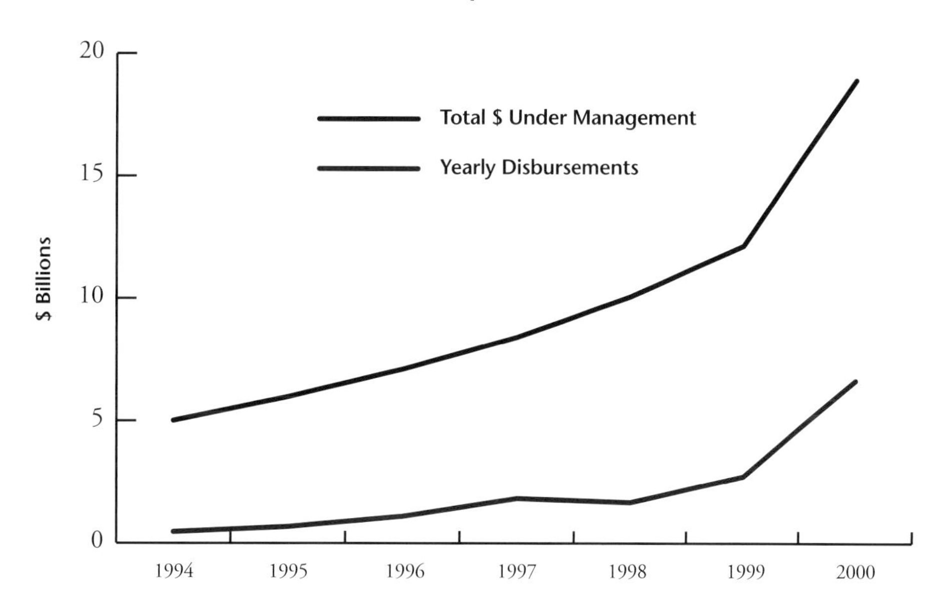

Source: Macdonald & Associates Limited, *Summary of Venture Capital Investment Activity, 1994–2000.*

© Photo courtesy of Technology Partnerships Canada.

support their company's growth over a longer time frame than is generally the case in Canada. This has contributed to the United States' remarkable success in innovation.

Canadian firms with rapid growth potential will increasingly demand specialized services and longer-term support from venture capitalists — Canadian and foreign. The Canadian venture capital industry needs to respond by developing specialized management expertise in emerging fields. Complex scientific and technological developments are making it increasingly difficult for the industry to evaluate market opportunities and risks without such specialized expertise.

The Canadian industry also needs to tap into new sources of capital. Pension funds could play a more significant role. Canadian pension funds typically accounted for 5–10 percent of all new venture capital investments in Canada. In 2000, their share rose significantly to 22 percent. Despite this gain, they remain a less important player than U.S. pension funds, which account for 50 percent of disbursements.

We are beginning to witness an increased foreign component to venture capital investment — both in terms of investments by foreign venture capitalists in Canadian firms and by Canadian venture capitalists in foreign firms. This is a positive development. Canadian firms will benefit from increased competition among venture capitalists, and the Canadian venture capital industry will be able to develop more specialized expertise as it seeks out global niche markets.

Canada appears to be narrowing the gap with the U.S. in terms of venture capital invested per capita. The U.S. per capita investment was $349 more than that of Canada in 2000, dropping to only $53 more in the first nine months of 2001.[24] Canada also performs well internationally in terms of venture capital investments relative to the size of our economy.[25]

The Canadian venture capital market, however, remains proportionately smaller than its American counterpart. The more mature, experienced and competitive venture capital industry in the U.S. makes it easier for American firms to secure larger capital investments to commercialize scientific discoveries and

24. Industry Canada caculations based on Macdonald & Associates Limited, *Venture Capital Activity 2000*, March 2001, and National Venture Capital Association (**http://www.NVCA.com**).

25. The Conference Board of Canada, *Investing in Innovation: 3rd Annual Innovation Report*, 2001.

Addressing the Knowledge Performance Challenge

The private sector needs to strengthen its ability to develop innovations for world markets and adopt leading-edge innovations from around the world. Relatively low levels of investment in R&D, too few strategic technology alliances and limited pools of risk capital contribute to the private sector's relatively lackluster innovation performance. Addressing these challenges is critical to the competitiveness of the private sector and requires leadership by the private sector.

Governments also require access to a strong knowledge base in order to carry out stewardship responsibilities, inform policy development, and meet economic development and social objectives. Governments need to work with academic institutions to increase the supply of research personnel in Canada and the stock of knowledge.

It is not enough, however, for governments and academia to increase the supply of researchers and the knowledge they generate. The private sector in Canada must demand, purchase, perform and, ultimately, use more research to fuel its competitiveness. Firms also need to continually search out and implement best practices from across the country and around the world in business financing, marketing and production. This will require a cultural shift in behaviours and attitudes. It will require a much more aggressive approach to managing and extracting value from knowledge.

GOALS, TARGETS AND PRIORITIES

To address these challenges, the public and private sectors in Canada need to identify long-term goals and measurable targets that can guide all of our efforts over the coming decade. Some of the goals and targets proposed by the Government of Canada have been previously announced in the 2001 Speech from the Throne, federal budget and ministerial speeches. Others are proposed for the first time. Together, they respond to the need for more firms to develop and adopt leading-edge innovations, in part through increased investment in the creation of knowledge, more strategic alliances and improved access to risk capital.

GOALS

- Vastly increase public and private investments in knowledge infrastructure to improve Canada's R&D performance.
- Ensure that a growing number of firms benefit from the commercial application of knowledge.

TARGETS

- By 2010, rank among the top five countries in the world in terms of R&D performance.
- By 2010, at least double the Government of Canada's current investments in R&D.
- By 2010, rank among world leaders in the share of private sector sales attributable to new innovations.
- By 2010, raise venture capital investments per capita to prevailing U.S. levels.

GOVERNMENT OF CANADA PRIORITIES

1. **Address key challenges for the university research environment.**

   Priority: The 2001 federal budget increased the annual budgets of Canada's three national research granting councils. The budget also provided a one-time investment to help universities and research hospitals cover the indirect costs of federally sponsored research. These measures will alleviate short-term financial pressures. The granting councils will, however, require enhanced funding over the longer term. The indirect cost pressures facing our universities and research hospitals are structural issues that also require a long-term solution. To address these challenges, the Government of Canada has committed to implementing the following initiatives:

- **Support the indirect costs of university research**. Contribute to a portion of the indirect costs of federally supported research, taking into account the particular situation of smaller universities.
- **Leverage the commercialization potential of publicly funded academic research**. Support academic institutions in identifying intellectual property with commercial potential and forging partnerships with the private sector to commercialize research results. Academic institutions would be expected to manage the public investment in research as a strategic national asset by developing innovation strategies and reporting on commercialization outcomes. An evolving partnership would see universities more aggressively contributing to innovation in Canada, in return for a long-term government commitment to their knowledge infrastructure.
- **Provide internationally competitive research opportunities in Canada**. Increase support to the granting councils to enable them to award more research grants at higher funding levels. Excellence must remain the cornerstone of federal support for university research.

2. **Renew the Government of Canada's science and technology capacity to respond to emerging public policy, stewardship and economic challenges and opportunities.**

   Priority: In addition to providing traditional support for government science, the Government of Canada will consider a new approach to investing in research in order to focus federal capacity on priority, emerging science-based issues. New investments in scientific research would ensure that

A Model: Canada Institute for Nanotechnology

The Institute, a $120-million initiative of the federal and Alberta governments, will bring Canada to the forefront of nanotechnology. This field has the potential to revolutionize such areas as health care, computer and energy use, and manufacturing. The Institute will broaden existing networks by offering internship opportunities to post-graduate researchers, and by making its facilities available to other organizations.

sound science-based policies are adopted to support environment, health and safety objectives. The government would build collaborative networks across government departments, universities, non-government organizations and the private sector. This approach would integrate, mobilize and build on recent government investments in universities and the private sector. Funding would be competitive, based on government priorities and informed by expert advice.

3. **Encourage innovation and the commercialization of knowledge in the private sector.**

   Priority: The private sector is the central player in the nation's innovation system. In addition to creating a supportive policy and regulatory environment for innovation (see Section 7), the government will consider making specific enhancements to programs that encourage innovation by the private sector:

- **Provide greater incentives for the commercialization of world-first innovations**. The Government of Canada will consider increased support for established commercialization programs that target investments in biotechnology, information and communications technologies, sustainable energy, mining and forestry, advanced materials and manufacturing, aquaculture and eco-efficiency.

- **Provide more incentives for small and medium-sized enterprises (SMEs) to adopt and develop leading-edge innovations**. The Government of Canada will consider providing support to the National Research Council Canada's Industrial Research Assistance Program to help Canadian SMEs assess and access global technology, form international R&D alliances, and establish international technology-based ventures. In keeping with the recommendations of the Advisory Council on Science and Technology, this would help SMEs spread the risks inherent in the commercialization and diffusion of new technologies.

- **Reward Canadian innovators**. The Government of Canada will consider implementing a new and prestigious national award, given annually, to recognize internationally competitive innovators in Canada's private sector. Celebrating successes will help to create a culture of innovators.

- **Increase the supply of venture capital in Canada**. The Business Development Bank of Canada (BDC) will use its expertise and knowledge of venture capital funds to pool the assets of various partners, pension funds in particular. The BDC would invest these proceeds in smaller, specialized venture capital funds and manage the portfolio on behalf of its limited partners.

To succeed in the global, knowledge-based economy, a country must be capable of producing, attracting and retaining a critical mass of well-educated and appropriately trained people. Highly qualified people — defined as people having completed a post-secondary degree or diploma or its equivalent — are indispensable to an innovative economy and society.

Canada has one of the most highly educated labour forces in the world. Close to 40 percent of the adult population has completed a post-secondary education, well ahead of other advanced economies (Chart 14). Close to 285 000 diplomas, degrees and certificates were granted in 1998 by our 199 colleges and 75 universities, including some 4000 doctorates.[26] This is a very strong and enviable base upon which to build a successful innovation strategy.

Over the years, our supply of highly qualified people has been sufficient to sustain economic growth and has been instrumental in attracting foreign investment. In a recent survey of senior American executives, the quality and availability of our work force were cited as the main reasons to invest in Canada (Chart 15).

The current economic environment has led to lay-offs in a number of fields, particularly in the information and communications sector. This is a short-term issue.

In the longer term, Canada could face major skills shortages. The Advisory Council on Science and Technology reported that firms in many different sectors are already experiencing difficulties in recruiting and retaining highly skilled workers in specialized areas. These challenges will grow and become more generalized in the future.[27]

26. Statistics Canada, *Education in Canada*, 2000.

27. Expert Panel on Skills of the Advisory Council on Science and Technology, *Stepping Up — Skills and Opportunities in the Knowledge Economy*, 2000.

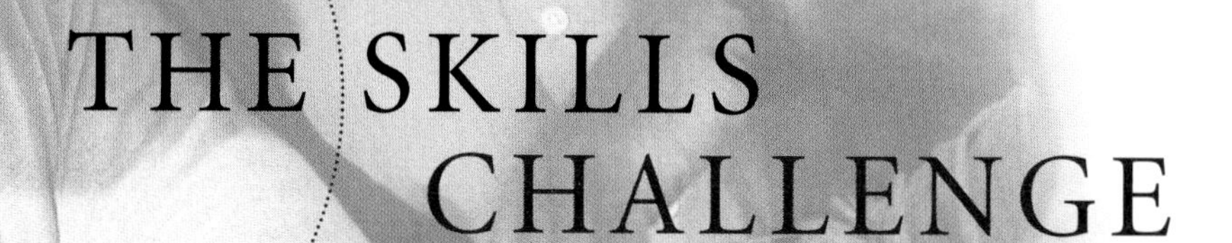

THE SKILLS CHALLENGE

Chart 14: Percentage of the Population Aged 25 to 64 That Has Completed Post-Secondary Education, 1999

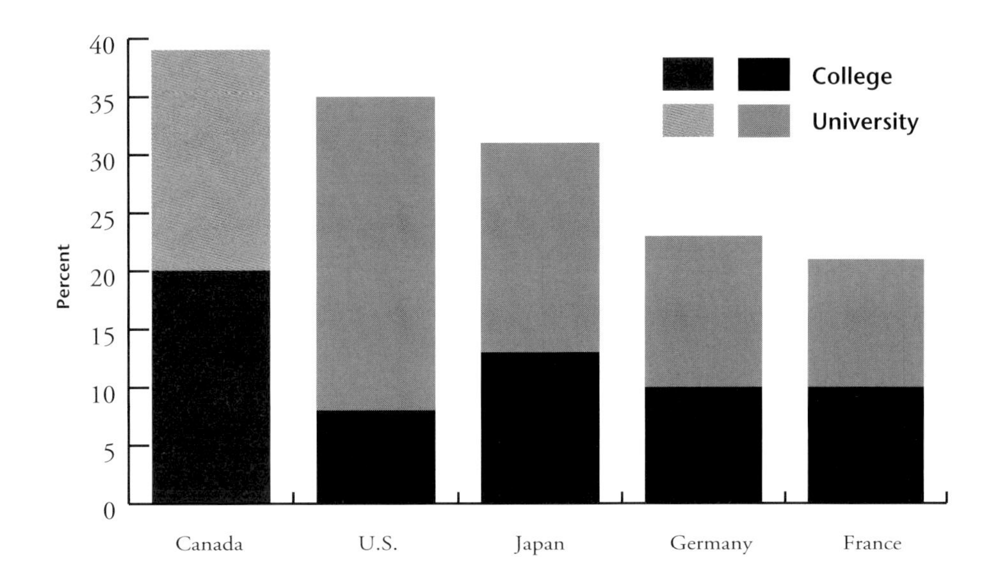

Source: OECD, *Education at a Glance — OECD Indicators*, 2001.

Chart 15: Main Reasons for Investing in Canada

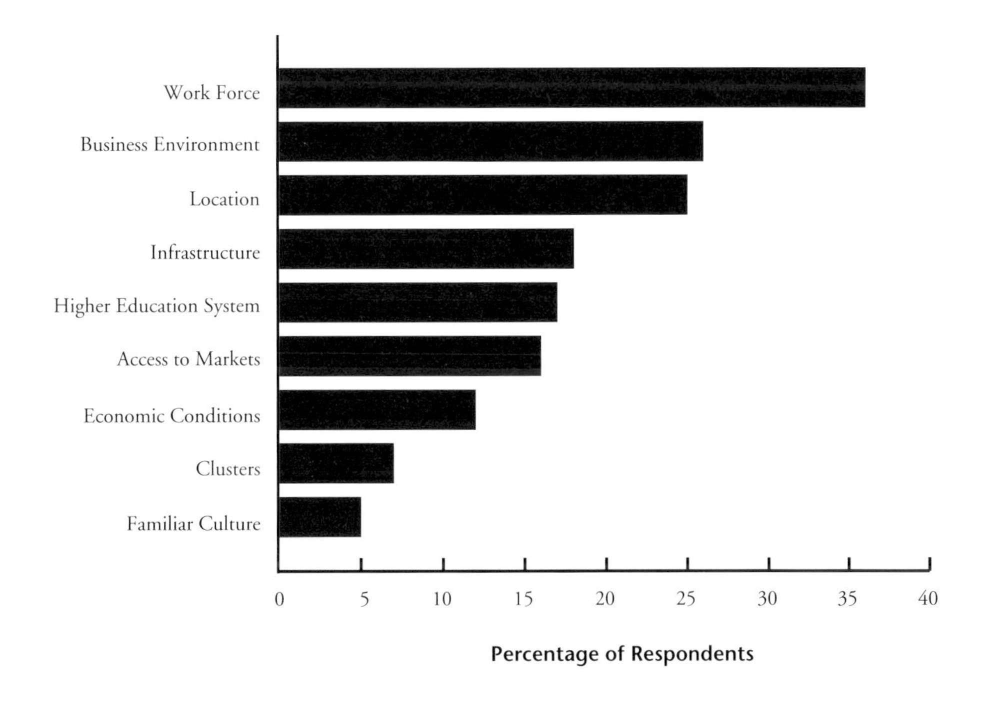

Source: Wirthlin Worldwide and Earnscliffe Research and Communications, 2001.

A key reason for this is that all Western countries are beginning to experience major demographic changes — ageing populations and declining birth rates — that will result in fewer workers relative to the size of the population not in the labour force. At the same time, the demand for high-level skills will continue to increase rapidly in all sectors. Under these conditions, it is reasonable to expect that the competition for highly skilled workers will intensify not only within Canada, but also in the international labour market.

This will make it particularly challenging for Canada to reach its goal of becoming one of the top five countries for R&D performance by 2010. To perform R&D at that higher level we must more than double the number of research personnel in our labour force.[28] Canada needs to develop more scientists, engineers and highly skilled technicians. But we also need to augment our "management class" — people with business skills and broad interdisciplinary backgrounds. If Canada is to become one of the most innovative economies in the world, we need strong managers who can lead the economy through a business transformation.

28. Industry Canada estimate.

Addressing potential skills shortages is one of Canada's greatest challenges in the coming decade. *Achieving Excellence: Investing in People, Knowledge and Opportunity* focuses on developing and maintaining a sufficient supply of highly qualified people to drive innovation. *Knowledge Matters: Skills and Learning for Canadians* addresses the need to strengthen the foundation for lifelong learning for children and youth, maintain excellence in Canada's post-secondary education system, build a world-class learning system for adults and help immigrants achieve their full potential. It addresses a broader range of areas where Canada must improve in order, for example, to increase the number of skilled tradespeople and apprentices, reduce high-school drop-out rates and improve literacy. Advances in these areas will not only strengthen Canadian society, but also help Canada become more innovative over the longer term.

Canada can address its skills challenge by substantially increasing the number of highly qualified people from three sources: new graduates from Canadian universities and colleges; highly qualified immigrants coming to Canada as permanent residents or temporary foreign workers; and people already in the labour force who retrain or upgrade their skills.

NEW GRADUATES

Over the past decade, full-time university enrolments (as a proportion of age cohorts) have been growing slowly,[29] while part-time enrolments have sharply declined.[30] Without a substantial increase in the proportion of young Canadians undertaking post-secondary studies and going on to obtain the graduate degrees that the labour market demands, Canada will not be able to fully seize the opportunities that the new economy offers.

29. Council of Ministers of Education, Canada and Statistics Canada, *Education Indicators in Canada: Report of the Pan-Canadian Education Indicators Program, 1999*, 2000.

30. Association of Universities and Colleges of Canada, "The part-time enrolments: where have all the students gone?" *Research File*, May 1999.

Promising students will not be able to pursue degrees in adequate numbers if we do not maintain and grow the teaching capacity in our universities and colleges. These institutions are facing an unprecedented loss of teachers and researchers due to retirements, and this will continue over the next 10 years.

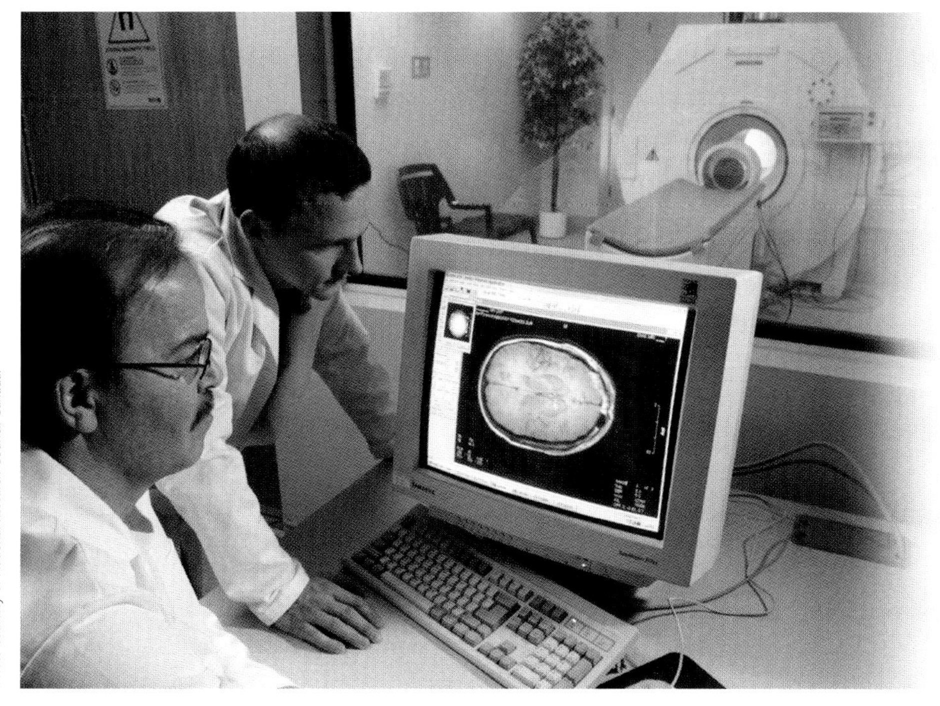

Photo courtesy of National Research Council Canada.

Post-secondary institutions in many other countries, including the U.S., are facing the same demographic pressures. This is exacerbating competition for new faculty and R&D personnel. As noted in Section 5, internationally competitive levels of research funding will play an important role in attracting and developing top-quality faculty.

International students are another source of highly qualified people. They bring an international perspective to campuses, and add intellectual and cultural diversity to classrooms. They represent a significant economic benefit, not only for the receiving institutions, but also for local communities. Once they return home, they can become decision makers or trade partners with an affinity for Canada. They can also be an attractive source of skills for Canadian employers, should they choose to become permanent residents. Canada needs to improve its ability to attract top international students.

IMMIGRATION

Immigration has always been a major source of qualified workers for Canada. As previously noted, the international market for highly skilled workers is becoming very competitive. Many industrialized countries, particularly the U.S., are implementing deliberate strategies to attract the skills that are in short supply, while "source countries" are beginning to put in place measures to reduce the outflow of their most highly qualified citizens.

Canada's approach to recruiting foreign qualified workers was conceived in a different era. It requires updating and modification to better suit our needs in the face of tough international competition for scarce talent. We must shift from a passive to a proactive approach and actively brand Canada as a destination of choice. Our efforts to secure the highly qualified people needed to fuel the Canadian economy must continue.

The new *Immigration and Refugee Protection Act*, and its accompanying regulations, will support that goal and build on partnerships with provinces and territories, which share responsibility for immigration. New Government of Canada selection criteria will take into account a wider range of attributes and competencies for skilled worker immigrants. To address short-term cyclical skills shortages due to growth in a sector or the introduction of new technologies, it will be possible to enter into agreements with groups of employers from the same industry to facilitate the entry of temporary foreign workers. The regulations will also make it easier for qualified temporary foreign workers to become permanent residents without having to leave Canada.

Canada benefits from the skills and abilities immigrants bring with them. Given the rising demand for skills and the strong competition for highly qualified people, Canada can ill-afford to waste any of this talent. One of the greatest challenges we face is building a comprehensive and effective system for assessing and recognizing foreign credentials. Assessment services are available in a number of provinces, but much remains to be done before we can be satisfied that, as a country, we are taking full advantage of the valuable skills that newcomers offer to Canada. *Knowledge Matters: Skills and Learning for Canadians* discusses in more detail the challenges and possible actions on foreign credential assessment and recognition.

Another challenge that we face is encouraging newcomers to settle in centres other than Toronto, Vancouver and Montréal. The benefits of immigration need to be more evenly distributed across the country. All stakeholders have an interest and a role to play in achieving this result.

THE ADULT LABOUR FORCE

The skills that people acquire once they are in the labour force are the third and arguably the most critical source of supply. Canada cannot count only on new graduates or new immigrants to maintain, let alone increase or improve, its stock of skills. The level and types of skills required by the economy are in a constant state of evolution, making it imperative that all workers and their employers invest in continual skills development. Continuous upgrading across the whole spectrum of workers' skills is essential if Canada is to address its skills challenge and avoid experiencing severe labour shortages in the coming years.

Adapting to Technological Changes in the Construction Industry

Local 183 of the Universal Workers' Union represents 25 000 construction workers from the Greater Toronto Area. The Union, working closely with employers, has placed continuous training at the core of its strategy. It built a 42 000 square-foot Life Long Training Centre in Vaughan, Ontario, the largest of its kind in North America. This state-of-the-art facility is used to upgrade the knowledge and specialized skills of experienced workers, and to train apprentices on the latest equipment and technology.

Canada's performance in adult training falls short of international standards (Chart 16). This holds true even for people with post-secondary credentials. Several factors combine to produce this relatively poor performance, including the prevalence in our economy of small firms, which typically have only limited time and resources to invest in skills development. Other factors include the absence of a strong tradition of workplace training, in part because Canada has not experienced sustained shortages of the skills required to fuel its economy.

Without increased and ongoing investments in skills upgrading, Canada's labour force will perform below its potential in dealing with the new demands of the knowledge-based economy. This will constrain our overall ability to develop innovations and apply them. These issues are addressed in greater detail in *Knowledge Matters: Skills and Learning for Canadians.*

Chart 16: Percentage of Employed Adults Aged 25 to 54 Participating in Employer-Sponsored Formal Job-Related Training, 1995

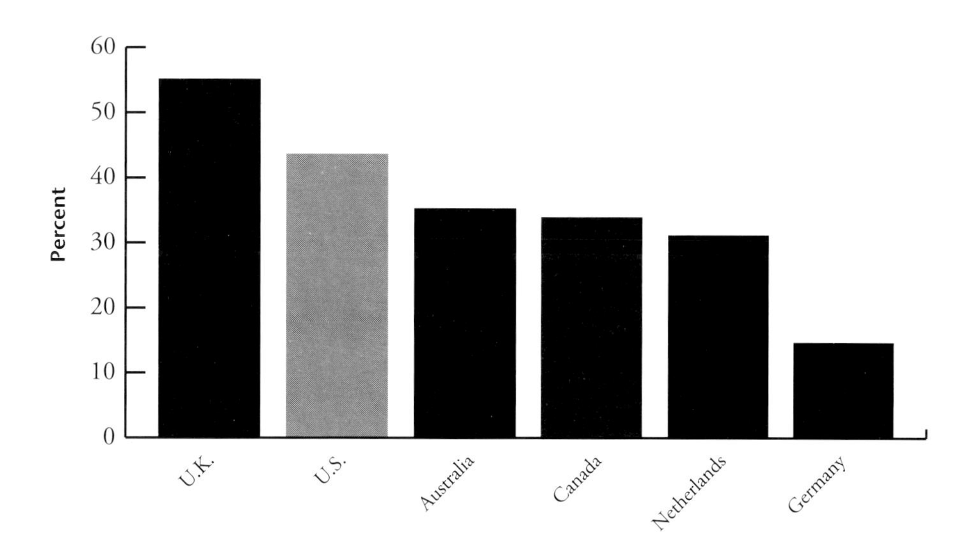

Source: OECD, *Employment Outlook,* 1999.

Addressing the Skills Challenge

Knowledge and innovation depend on people. We cannot become one of the world's most innovative countries without addressing the skills challenge — a challenge that will become more apparent as the economy recovers. We need to make investments to support advanced education, research and professional development. We must also ensure that talented Canadians and immigrants recognize Canada's special advantages as a place to live and work, and are able to perform to their full potential. The "Branding Canada" initiative proposed in Section 7 will contribute to this outcome, along with the following proposals.

GOALS, TARGETS AND PRIORITIES

The proposed goals, targets and federal priorities would help Canada to develop, attract and retain the highly qualified people required to commercialize and adopt leading-edge innovations.

GOALS

- Develop the most skilled and talented labour force in the world.
- Ensure that Canada continues to attract the skilled immigrants it needs and helps immigrants to achieve their full potential in the Canadian labour market and society.

TARGETS

- Through to 2010, increase the admission of Master's and PhD students at Canadian universities by an average of 5 percent per year.
- By 2002, implement the new *Immigration and Refugee Protection Act* and regulations.
- By 2004, significantly improve Canada's performance in the recruitment of foreign talent, including foreign students, by means of both the permanent immigrant and the temporary foreign workers programs.
- Over the next five years, increase the number of adults pursuing learning opportunities by 1 million.

GOVERNMENT OF CANADA PRIORITIES

1. **Produce new graduates.**

   Priority: The Government of Canada will consider the following initiatives to increase the number of students obtaining graduate and post-graduate degrees, help universities retain the best graduate students in Canada and attract top international students, and improve the quality of research training at the graduate level:

- Provide financial incentives to students registered in graduate studies programs, and double the number of Master's and Doctoral fellowships and scholarships awarded by the federal granting councils.

- Create a world-class scholarship program of the same prestige and scope as the Rhodes Scholarship; support and facilitate a coordinated international student recruitment strategy led by Canadian universities; and implement changes to immigration policies and procedures to facilitate the retention of international students.
- Establish a cooperative research program to support graduate and postgraduate students and, in special circumstances, undergraduates, wishing to combine formal academic training with extensive applied research experience in a work setting, including government laboratories.

2. **Modernize the Canadian immigration system.**

   Priority: Brand Canada as a destination of choice; augment the number of highly skilled workers immigrating permanently to Canada; ensure that provinces, territories, municipalities and businesses get the skills they need when they need them; work with provincial/territorial partners and regulatory bodies to develop a national approach to the assessment and recognition of foreign credentials; and improve the integration of foreign qualified workers into the domestic labour market across the country. At the same time, it will be important to ensure the health, safety and security of Canadians.

   Knowledge Matters: Skills and Learning for Canadians proposes specific initiatives to improve the integration of immigrants, including the development of a national approach to foreign credential assessment and recognition.

   In addition, to attract highly skilled workers, the Government of Canada has committed to:

- Maintain its commitment to higher immigration levels and work toward increasing the number of highly skilled workers.
- Expand the capacity, agility and presence of the domestic and overseas immigration delivery system to offer competitive service standards for skilled workers, both permanent and temporary.
- Diversify our skilled worker base by branding Canada as a destination of choice through targeted promotion and recruitment in more areas of the world.
- Use a redesigned temporary foreign worker program and expanded provincial nominee agreements to facilitate the entry of highly skilled workers, and to ensure that the benefits of immigration are more evenly distributed across the country.

Canada's innovation environment is, in essence, the climate created by government stewardship regimes that protect the public interest, and encourage and reward innovation. Instruments such as legislation, regulations, codes and standards create the conditions necessary for Canadians to enjoy the social and economic benefits of innovative activities. They play a crucial role in establishing public confidence in the innovation system, and the business confidence that leads to investment and risk taking.

A truly world-class innovation environment suffers no trade-off between the public interest and business opportunity. It recognizes that the public interest must be protected. It recognizes that innovation cannot be sustained without a public that has been well served by innovation in the past and that demands more.

Canada's innovation environment is strong. Our stewardship policies and systems that protect health, environment, safety, privacy and consumer rights are among the world's best. They take a modern and progressive approach. They enable Canadians to take advantage of innovations, while remaining confident that their well-being is protected.

E-Commerce at the Intersection: Protecting the Public Interest and Promoting Innovation

In the late 1990s, the Government of Canada recognized the emerging importance of e-commerce and the new stewardship challenges that it posed. Through cooperative efforts with industry and non-government organizations, the government developed and introduced the "seven firsts" to provide an appropriate policy framework for the development of this innovative way of doing business:

- *tax neutrality between e-commerce and conventional transactions*
- *standards*
- *public key infrastructure*
- *digital signatures*
- *security/encryption*
- *consumer protection*
- *privacy policy.*

THE INNOVATION ENVIRONMENT CHALLENGE

Photo courtesy of National Research Council Canada.

The innovation environment also encourages innovation and entrepreneurship in the private sector. For example, regulatory barriers to entrepreneurship in Canada are the lowest among OECD countries, with the exception of the U.K. (Chart 17). Our particular strength lies in the clarity of our regulations and administration, relatively low paper burden for business, lower barriers to competitiveness, and the openness of our processes.

Ongoing reductions in personal and corporate income tax rates, reductions in employment insurance premiums, favourable treatment of employee stock options, and generous R&D tax credits also support innovation. Owing in part to these strengths, Canada is seen as having strong prospects for medium-term economic growth.

Although many aspects of Canada's innovation environment are among the world's best, we cannot afford to rest on our accomplishments to date. Other countries are refining their policies to ensure the best positioning possible on the global stage. We too must act on opportunities to improve our innovation environment so Canadians can benefit from new scientific and technological breakthroughs while being assured that their health, safety and environment are protected. If we do not, public and business confidence will suffer, inhibiting our innovation performance.

Chart 17: Regulatory Barriers to Entrepreneurship,* 1998

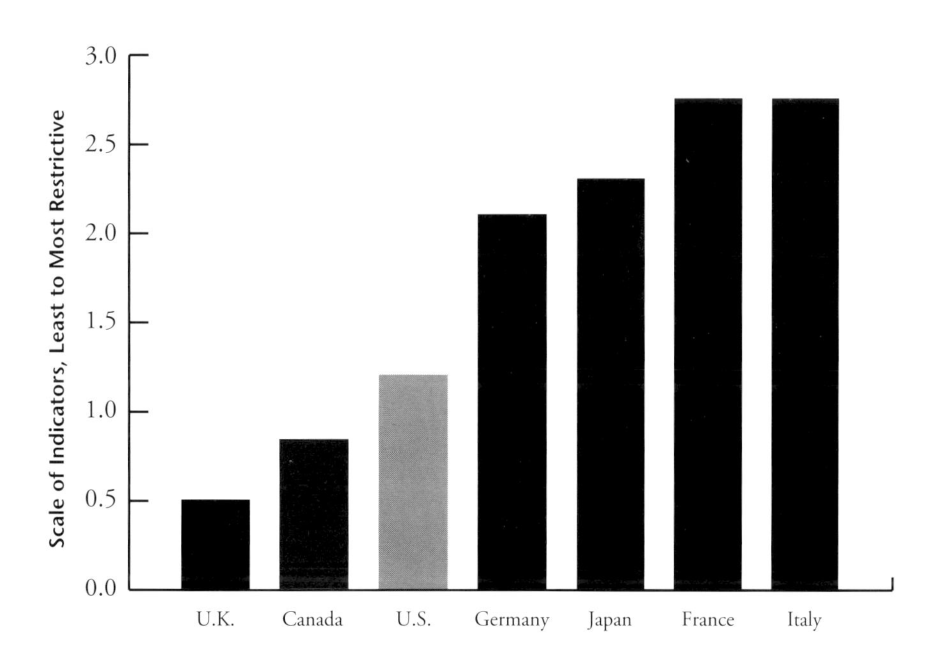

*Total of administrative burdens on start-ups, barriers to competition, and regulatory and administrative opacity.

Source: OECD, *Summary Indicators of Product Market Regulation with an Extension to Employment Protection Legislation,* Economic Department Working Papers, No. 226, 2000.

The challenge for governments is to anticipate future changes brought on by international and domestic forces — to maximize the commercial potential for innovation while protecting public health and safety and the quality of the environment. The same forces that are challenging firms and universities to embrace new ways of doing business are posing equally large challenges for government:

- *New knowledge extends capabilities.* Governments need a profound understanding of capabilities created by new technologies, and of what is known and not known about their broader impacts on people, communities and the environment. Good public policy is built on this understanding.
- *The pace of innovation is accelerating.* Governments need to respond in a timely fashion to demand for innovations (e.g. the latest breakthroughs in health care), while ensuring their efficacy and safety.
- *Globalization poses challenges and opportunities on many fronts.* The wide array of goods and services entering the Canadian market is straining governments' capacity to respond to public and business needs. Global competition for investment and highly qualified people is requiring governments to compete against each other for investment and talent in such areas as tax competitiveness, quality of the labour force, health care, and community-based quality of life. Meanwhile, global challenges such as climate change and disease control are requiring increased international cooperation among governments.

STEWARDSHIP: PROTECTING THE PUBLIC INTEREST

A primary government responsibility is to protect and promote the public interest. Key tools for fulfilling this role include legislation, regulations, codes and standards. Other emerging tools could include economic instruments such as tradable emission permits. Taken together, these stewardship instruments help governments respond to health, environment, safety and privacy concerns. They also offer direction for public and private sector conduct.

Public policy is increasingly informed and driven by developments in science and technology. There are few areas of policy where science and technology do not play a role either as a source of public concern or as a potential solution to pressing problems. Innovation extends our capabilities and allows us to do things we have never been able to do before. Ensuring that we use these capabilities wisely, safely, and equitably is the role of good stewardship.

Canada has a strong record in promoting innovation while protecting the public interest. We must, however, be prepared to address challenges to our stewardship capacity that will emerge from new scientific developments.

Examples of Stewardship Regimes

- *Food safety*
- *Drug approvals*
- *Environmental protection*
- *Intellectual property rights*
- *Foreign ownership and investment regulations*
- *Competition policy.*

Stewardship in Action: Mine Environment Neutral Drainage Program (MEND)

Governments, the private sector and academia are working together to reduce acidic drainage from mine wastes, the most important environmental issue facing the Canadian mining industry today. Since its inception, MEND has allowed the Canadian mining industry to reduce environmental liabilities due to acidic drainage by at least $400 million, while improving the state of the local environment.

On the advice of the Council of Science and Technology Advisors, the Government of Canada is vigorously implementing recommended principles and guidelines to ensure the effective use of science and technology in decision making. Key elements of the proposed framework include:[31]

Early Issue Identification — anticipating public policy issues arising from new knowledge.

Inclusiveness — ensuring that advice is drawn from many disciplines, all sectors and, when appropriate, international sources.

Sound Science and Science Advice — applying due diligence to advice to ensure its quality, integrity and reliability.

Transparency and Openness — ensuring that processes are transparent, and that stakeholders and the public are consulted.

Review — keeping stewardship regimes up to date as knowledge advances.

Most developed countries have put in place independent bodies to clarify what is known and unknown with respect to the potential impact of scientific and technological developments (e.g. the Royal Society in the U.K., the Académie des sciences in France, and the National Academies in the U.S.). They provide balanced and informed advice on a suitable course of action. Assessments are informed by a multidisciplinary approach and are open to all stakeholders.

31. Government of Canada, *A Framework for Science and Technology Advice: Principles and Guidelines for the Effective Use of Science and Technology Advice in Government Decision Making,* Ottawa, 2000.

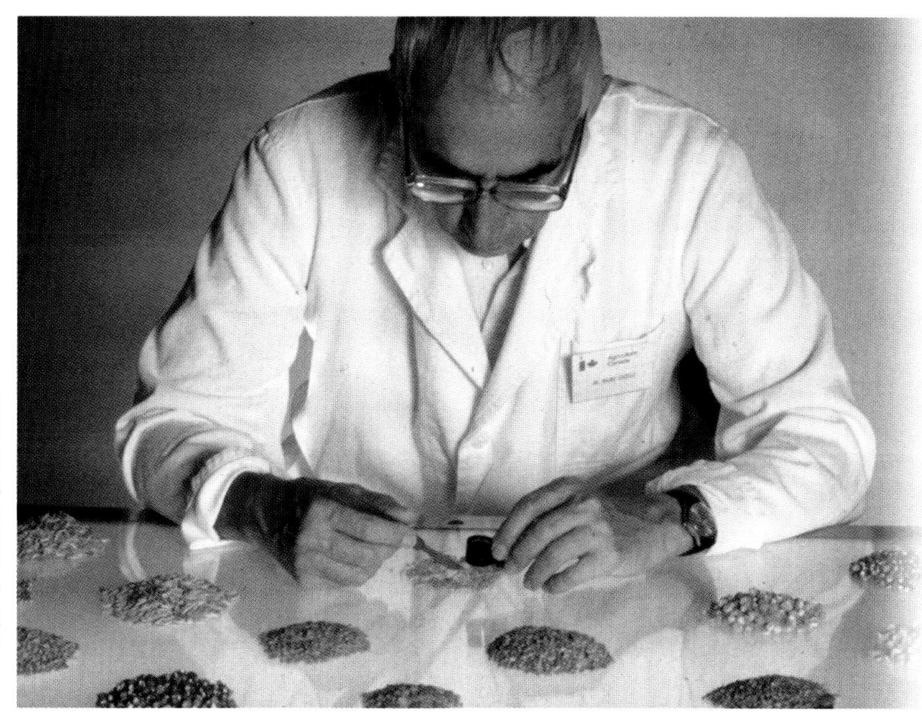

Photo courtesy of Agriculture and Agri-Food Canada.

In Canada, many organizations, such as the Royal Society of Canada, the Advisory Council on Science and Technology and the Canadian Biotechnology Advisory Committee, provide expert advice based on the broad and varied knowledge of their members. However, Canada is one of the few countries in the industrialized world that does not have a national organization that represents and reflects the full range of science and technology assets. With this standing capacity in place, governments would have access to a source of expert assessments of the science underlying pressing new issues and matters of public interest.

Most countries face similar stewardship challenges. They must regulate virtually the same products. They face the same issues with respect to privacy and inappropriate content on the Web. They must all protect their people and their farm products from diseases — many of which spread rapidly throughout the world. Increasingly, countries are seeking common solutions to these stewardship challenges.

"The European Commission will propose *increased centralization of drug approvals, with more new products being submitted to the European Medicines Evaluation Agency in London. It is also seeking new 'fast track' powers to speed approval of medicines aimed at poorly treated diseases."*

Source: *Financial Times*, July 18, 2001

Canada can learn from, and modify for its own circumstances, the practices of other nations. Canada's stewardship policies would be strengthened to deal with emerging challenges by substantive comparisons and benchmarking against major international competitors. We can also participate in international partnerships to share scientific research and analysis on common regulatory issues.

Systematic, expert review of our stewardship regimes could enable Canada to benefit from the collective wisdom of experts from around the world, learn from the experiences of other countries and, where appropriate, develop shared approaches to common problems. Rigorous assessments of Canada's stewardship regimes would extend our options, and enable us to meet future social objectives under optimal conditions for administration and compliance. In the end, the goal remains the same: to ensure the health and safety of Canadians.

TAXES

Competitive levels of business taxes are a critical factor to encourage investment in innovation. Canada will soon have one of the most competitive business tax regimes in the world. By 2005, the average general rate of corporate taxation in Canada will be over 5 percentage points below the U.S. average rate (Chart 18). Our tax policies help businesses develop and adopt advanced technologies and remain ahead of key competitors.

Canada's low corporate tax rates, low capital gain inclusion rates, favourable treatment of employee stock options and special provisions for small businesses (including the rollover of capital gains on investments in small businesses

The Canadian Business Tax Advantage

- ***Large and medium-sized businesses:*** *Five-percentage-point lower average corporate tax rate in Canada than in the U.S. by 2005.*
- ***Small businesses:*** *Significantly lower corporate rates in Canada on income above $75 000.*
- ***Capital gains:*** *Two-percentage-point lower average top capital gains tax rate in Canada than the typical top capital gains tax rate in the U.S. The $500 000 lifetime capital gains exemption on small business shares has no equivalent in the U.S.*
- ***Research and Development:*** *A 20 percent research and development tax credit in Canada for all R&D expenditures compared to the U.S. 20 percent tax credit, which is only for incremental R&D. A 35 percent refundable tax credit available to smaller Canada-controlled private corporations has no equivalent in the U.S.*

Chart 18: Corporate Income and Capital Tax Rates in Canada and the U.S.

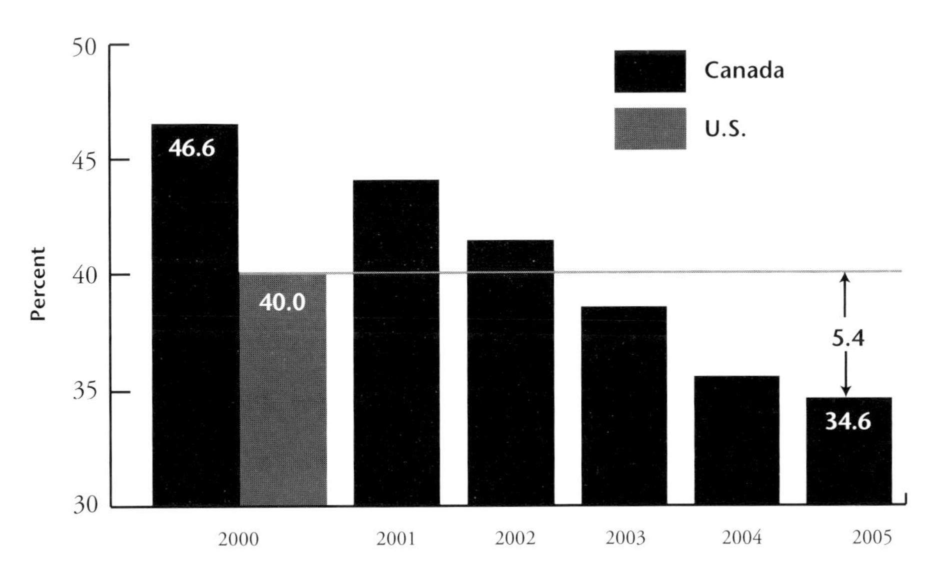

Note: Rates are based on changes announced to December 2001. Rates include the income tax rate equivalent of capital taxes.

Source: Department of Finance Canada, *Budget 2001*, 2001.

when the proceeds of disposition are reinvested in small businesses) provide an incentive to invest in innovation. Canada also has one of the most generous tax treatments of R&D expenditures in the OECD. These features of the Canadian business tax system combine to create a business advantage for Canada relative to its main competitor, the U.S.

Personal taxes also play a role in helping to attract and retain leaders, researchers and other highly qualified people from Canada and abroad. The government's tax reduction plan, which will reduce the personal income tax burden by 21 percent on average by 2004–05, assists in providing a more favourable environment in this regard.

Sound tax policies also help make Canada more attractive to international investors, an important consideration as we compete to be viewed as a "location of choice" within North America.

BRANDING CANADA

Canada's innovation environment will improve if we achieve the goals and undertake the initiatives set out in this paper. However, ensuring we achieve and maintain the conditions for innovation success is not enough. In the global economy, investors and highly qualified people must be aware that Canada encourages and rewards innovation and risk taking. They must believe that they can achieve their innovation objectives in Canada.

Foreign investors generally rate Canada as an attractive location for investment. However, investment surveys often indicate that their impressions of other investment locations are more favourable (Chart 19).

Chart 19: Investment Intentions of Major Multinational Firms

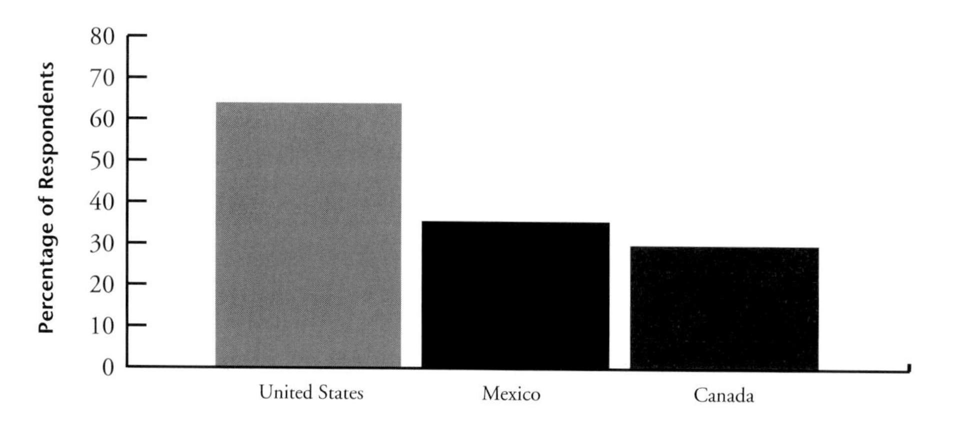

Source: Global Business Policy Council, *FDI Confidence Index,* A.T. Kearney, Inc., June 1999, Volume 2, Issue 1.

© Photo courtesy of Technology Partnerships Canada.

Branding campaigns can improve Canada's image among investors and highly qualified people by demonstrating our advantages. Raising Canada's profile would help secure the international recognition we need to be seen as one of the most innovative countries in the world.

Addressing the Innovation Environment Challenge

Canada's ability to innovate depends on public confidence in the safety and efficacy of new products, and stable and predictable regulatory regimes. With effective stewardship regimes and marketplace framework policies, innovation will thrive, bringing with it the solutions to many 21st-century problems and the wealth needed to attain those solutions. Canada must also be recognized internationally as an innovative country in order to attract the talent and capital required to fuel our ongoing growth.

GOALS, TARGETS AND PRIORITIES

The proposed goals, targets and federal priorities would give Canadians increased confidence to adopt innovations, encourage firms to invest in innovations, and attract the people and capital upon which innovation depends.

GOALS

- Address potential public and business confidence challenges before they develop.
- Ensure that Canada's stewardship regimes and marketplace framework policies are world-class.
- Improve incentives for innovation.
- Ensure that Canada is recognized as a leading innovative country.

TARGETS

- By 2004, fully implement the Council of Science and Technology Advisors' guidelines to ensure the effective use of science and technology in government decision making.
- By 2010, complete systematic expert reviews of Canada's most important stewardship regimes.
- Ensure Canada's business taxation regime continues to be competitive with those of other G-7 countries.
- By 2005, substantially improve Canada's ranking in international investment intention surveys.

GOVERNMENT OF CANADA PRIORITIES

1. **Ensure effective decision making for new and existing policies and regulatory priorities.**

   Priority: To benefit from the best science-based advice the country has to offer, protect the public interest and promote innovation, the Government of Canada will consider the following initiatives:

- Support a "Canadian Academies of Science" (a not-for-profit, arm's-length organization) to build on and complement the contribution of existing Canadian science organizations. The "Academies" could provide a source of credible, independent expert assessments on the sciences underlying pressing *new* issues and matters of public interest. It could support informed decision making by the public, government and businesses. The organization would widely disseminate the results of its assessments.
- Undertake systematic expert reviews of *existing* stewardship regimes through international benchmarking, and collaborate internationally to address shared challenges. New investments in government science (Priority 2 in Section 5) will further strengthen Canada's stewardship policies.

2. **Ensure that Canada's business taxation regime is internationally competitive.**

   Priority: Work with the provinces and territories to ensure that Canada's federal, provincial and territorial tax systems encourage and support innovation.

3. **Brand Canada as a location of choice.**

   Priority: The Government of Canada has committed to embarking on a sustained investment branding strategy. This could include Investment Team Canada missions and targeted promotional activities. Canada can attract foreign investment and highly qualified people by showcasing its highly educated and skilled work force, clusters of innovative firms and research institutions, tax policies, entrepreneurial spirit, and quality of life in communities across the country.

SOURCES OF COMPETITIVE ADVANTAGE ARE LOCALIZED

A paradox of the global, knowledge-based economy is that sources of competitive advantage tend to be localized. Communities and regions across Canada use their knowledge resources to create economic value, and it is in communities that the elements of the national innovation system come together.

In the past, Canada's economy was primarily dependent on natural resources and manufacturing, giving an advantage to communities close to natural resources or to major markets. In the knowledge-based economy, key assets are less geographically dependent. Knowledge and expertise can be developed and exploited anywhere. Communities can become magnets for investment and growth by creating a critical mass of entrepreneurship and innovative capabilities. By coordinating efforts, federal, provincial/territorial and municipal governments can work with the private, academic and voluntary sectors to build local capacity and unleash the full potential of communities across the country.

LARGE URBAN CENTRES

Innovation thrives in industrial clusters — internationally competitive growth centres. A common feature of clusters is the presence of one or more institutions devoted to R&D — universities, colleges, technical institutes, research hospitals, government laboratories or private sector facilities. Successful clusters have a strong and vibrant entrepreneurial base of networked and interdependent firms. Clusters accelerate the pace of innovation, attract investment, stimulate job creation and generate wealth.

Canada has several clusters in various stages of maturity. An industrial cluster can be regional (wine in Niagara); globally recognized (aerospace in Montréal); unique to one region (agricultural biotechnology in Saskatoon); cross regional boundaries (information and communications technologies in Ottawa, Toronto and Kitchener–Waterloo); historically rooted and well established (financial services in Toronto); or emerging (electronic commerce in Atlantic Canada).

An Established Canadian Cluster

Toronto and nearby Kitchener–Waterloo together form a technology cluster that is home to six research universities. The University of Toronto's electrical engineering program is ranked fourth in North America, and its computer engineering program is ranked fifth. The University of Waterloo is a leading source of information technology professionals in North America. Drawing on this talent pool, the Toronto/Kitchener–Waterloo cluster has developed into a major information and communications technology centre, with more than 2000 companies employing more than 100 000 people.

An Emerging Canadian Cluster

The agricultural biotechnology cluster in Saskatoon builds on the strengths of the University of Saskatchewan and the federal and provincial agencies in and immediately adjacent to Innovation Place, an industrial research park. Research and development is leading to innovations with important agricultural, environmental, health and transportation applications. The 2000 employees of the 100 organizations in Innovation Place contribute more than $195 million per year to the economy of Saskatoon.

A number of Canadian universities are key contributors to the research that fuels the development of clusters in their region. The Government of Canada, including the National Research Council Canada, has also played a key role in working with the private sector to stimulate the growth of clusters. Investments have been made in Nova Scotia (life sciences, information technologies), New Brunswick (e-commerce), and Newfoundland and Labrador (ocean technology). The 2001 budget announced further investments to encourage the development of clusters in Quebec (advanced aluminum technologies), Alberta (nanotechnology), Saskatchewan (crops for advanced human health), and British Columbia (fuel cell technologies), as well as initiatives in Ontario and Manitoba.

Cluster development is a complex, long-term undertaking that requires a unique and critical mass of existing community resources, as well as the commitment of many stakeholders and local champions. The ingredients for success include:

- leading-edge research and development capacity;
- knowledge-sharing infrastructure;
- technology transfer capacity;
- highly qualified people, including entrepreneurs, creators and strong managers;
- knowledgeable sources of venture or investment capital;
- industrial research parks, incubators, and other partnership-based research facilities;
- mentors to nurture new enterprises with strong management capabilities and entrepreneurial spirit;
- partnerships at many levels; and
- complementary government, academic and industrial contributions.

Canada can do a great deal more to stimulate the development of additional world-class clusters. Governments need to recognize the earliest signs of emerging clusters and provide community-based support. Each cluster and host community has unique strengths and challenges. The challenge for governments is to provide the right kind of support at the right time to create the conditions for self-sustaining growth. This support often takes the form of infrastructure to enable education, training, networking and research for which there are clear public benefits but no business case for private sector providers.

First Nation Innovation

Sixdion Inc. was founded in 1996 by the Six Nations of the Grand River. It is the only ISO 9002 registered information technology company located in a First Nations community in Canada. Its production facility in southwestern Ontario underwent a rigorous preparation, training and review process to meet this quality system standard. Sixdion provides information management services to a number of clients, including the Department of National Defence. It is committed to continuous improvement and to meeting world-class standards to benefit customers and employees.

MORE INNOVATIVE COMMUNITIES

Innovation should not be viewed as exclusively based in large urban centres. Many smaller communities, including rural and First Nations communities, have significant knowledge and entrepreneurial resources. They may, however, lack the networks, infrastructure, investment capital or shared vision to live up to their innovative potential. To address these types of challenges, the Government of Canada launched Community Futures Development Corporations, various regional development agency programs, the Canada Community Investment Plan and Smart Communities.

In 1995, the Government of Canada foresaw the importance of harnessing the potential of the Internet for Canadian society. Building on the advice of the Information Highway Advisory Council, the government developed a national vision known as "Connecting Canadians" — a strategy to make the information and knowledge infrastructure accessible to all Canadians. Six years later Canada is recognized as a world leader in connectivity.

Canada is well positioned to share knowledge across its economy and society, ranking second only to the U.S. in its overall level of connectedness. We have one of the world's most advanced telecommunications infrastructures, with considerable consumer choice. We also have some of the world's lowest prices and highest take-up rates for both basic and advanced services, such as high-speed Internet. For example, the cost for Internet access in Canada is among the lowest in the world, and according to the OECD, Canada has the highest broadband penetration among the G-7.[32]

32. OECD, DSTI/ICCP/TISP, *The Development of Broadband Access in OECD Countries*, 2001/2.

Canada's Information Highway Accomplishments

- *Connected all public schools and libraries to the Internet.*
- *Connected more than 10 000 voluntary organizations to the Internet.*
- *Delivered more than 300 000 computers to schools.*
- *Created CA*net 3, the world's fastest research Internet backbone.*
- *Launched 12 Smart Communities sites across Canada.*
- *Launched the geographic lane on the Internet through GeoConnections.*
- *Provided Canadians with affordable public Internet access at 8800 sites in more than 3800 communities (by March 31, 2002).*

In 2000, the government introduced the Infrastructure Canada Program and the Strategic Highway Infrastructure Program to sustain the nation's growth and quality of life in communities across the country. Budget 2001 recognized the need for additional community-based infrastructure support. The Government of Canada announced the creation of the Strategic Infrastructure Foundation and committed at least $2 billion to support projects in a range of areas, including highways, urban transportation and sewage treatment. Investments in infrastructure will make communities more productive and competitive in the long term.

Communities across the country, however, continue to face barriers to innovation. Businesses in many smaller communities can make a more significant contribution to innovation and, in the process, improve standards of living and quality of life in their communities. Community leaders need to mobilize stakeholders — businesses, local governments, universities, colleges, and voluntary organizations — to develop innovation strategies and harness knowledge resources for local benefit. Communities require access to existing government programs as well as new investments to implement their strategies and further support the development of their local capacity.

As part of this effort, Canada has a unique opportunity to increase its capacity to share knowledge, grow new local and virtual networks, develop new applications and improve Canadians' access to the benefits of the knowledge-based economy. The National Broadband Task Force noted that 75 percent of Canadians, but only 20 percent of communities, have access to high-speed computer networks.[33] It recommended that all Canadians gain access, given the economic and social benefits that this would enable (e-commerce, health, education, government on-line services, etc.).

33. National Broadband Task Force, *The New National Dream: Networking the Nation for Broadband Access*, 2001.

Governments will need to work with the private sector to ensure that Canadians in both urban and rural communities can benefit from these developments. Rural, remote and First Nations communities are more in need of broadband than many other communities to bridge the gaps that exist in employment, business, learning, culture and health care. Broadband will provide the infrastructure needed to develop and deliver advanced applications and services that will bring greater economic and social benefits to these communities.

Provincial Broadband Leadership

Many provinces and territories recognize the importance of access to broadband Internet. Alberta SuperNet provides affordable high-speed network connectivity and Internet access to all universities, school boards, libraries, hospitals, provincial government buildings and regional health authorities in the province. Connect Ontario will invest in broad-based partnership initiatives to create a high-tech network of 50 connected Smart Communities across Ontario by 2005. Connect Yukon is a Yukon government and NorthWestel partnership to develop territorial telecommunications. SmartLabrador is currently working with the federal government to set up 21 satellite or wireless telecentre sites.

GOALS, TARGETS AND PRIORITIES

The proposed goals, targets and federal priorities would help Canada to develop more world-class clusters of expertise and position more communities across the country to contribute to and benefit from innovation.

GOALS

- Governments need to work together to stimulate the creation of more clusters of innovation at the community level.
- Federal, provincial/territorial and municipal governments need to cooperate and supplement their current efforts to unleash the full innovation potential of communities across Canada. Efforts must be guided by community-based assessments of local strengths, weaknesses and opportunities.

TARGETS

- By 2010, develop at least 10 internationally recognized technology clusters.
- By 2010, significantly improve the innovative performance of communities across Canada.
- By 2005, ensure that high-speed broadband access is widely available to Canadian communities.

GOVERNMENT OF CANADA PRIORITIES

1. **Support the development of globally competitive industrial clusters.**

   Priority: The Government of Canada will accelerate community-based consultations already under way to develop technology clusters where Canada has the potential to develop world-class expertise, and identify and start more clusters. The government will invest in the necessary infrastructure, research and multi-stakeholder partnerships to realize Canada's potential to be globally competitive in such areas as biopharmaceuticals, photonics, nanotechnology, network security, high-speed computing, medical

diagnostic technologies, nutraceuticals, fuel cell technology, functional genomics, proteomics, and ocean and marine technologies. The 2001 federal budget announced a major contribution to this effort. The Government of Canada will provide an additional $110 million over three years for leading-edge technologies and to expand the National Research Council Canada's regional innovation initiative.

2. **Strengthen the innovation performance of communities.**

   Priority A: The Government of Canada will consider providing funding to smaller communities to enable them to develop innovation strategies tailored to their unique circumstances. Communities would be expected to engage local leaders from the academic, private and public sectors in formulating their innovation strategies. They would need an existing innovation base (e.g. a university, community college, research hospital, technical institute or government facility) to act as an anchor. Additional resources, drawing on existing and new programs, could be provided to implement successful community innovation strategies (e.g. to support entrepreneurial networks, local sources of financing, skills development, infrastructure).

   Priority B: As part of this effort, the Government of Canada will work with industry, the provinces and territories, communities and the public to advance a private sector solution to further the deployment of broadband, particularly for rural and remote areas. The 2001 budget set aside $105 million over three years to advance this objective.

The innovation goals that Canada should strive to achieve, a number of which are identified in this paper, are ambitious but measurable. They are beyond the reach of any single institution, or group of stakeholders acting alone. Canadians must work together to achieve them, leveraging all our strengths and achievements in the process.

Small, medium-sized and large firms, universities and colleges across the country, research hospitals and technical institutes, provincial, territorial and municipal governments, First Nations, urban and rural communities, the voluntary sector and individual Canadians make important contributions to innovation. Innovations within these diverse organizations can contribute to wealth creation, better stewardship, improved governance and a stronger social fabric. Their ideas and initiatives underscore the importance of respecting mutual strengths and responsibilities. Their diversity highlights the need to recognize and understand the varied social, economic or jurisdictional circumstances that must be accommodated to create a culture of innovation across Canada. In this context, the Government of Canada invites Canadians to consider how they can bring their ideas, resources and talents to bear on the innovation challenge.

Over the coming months, the Government of Canada will engage provincial and territorial governments and business and academic stakeholders to develop, and contribute to, a national innovation strategy. We will listen to Canadians' views on the suggested priority areas for action by the Government of Canada. Should obstacles and constraints be identified, the Government of Canada is committed to working with all players in the innovation system to overcome them. Should new avenues of progress be suggested, the Government of Canada is committed to exploring them. If there are areas where the government can innovate to enable others to perform better, it will.

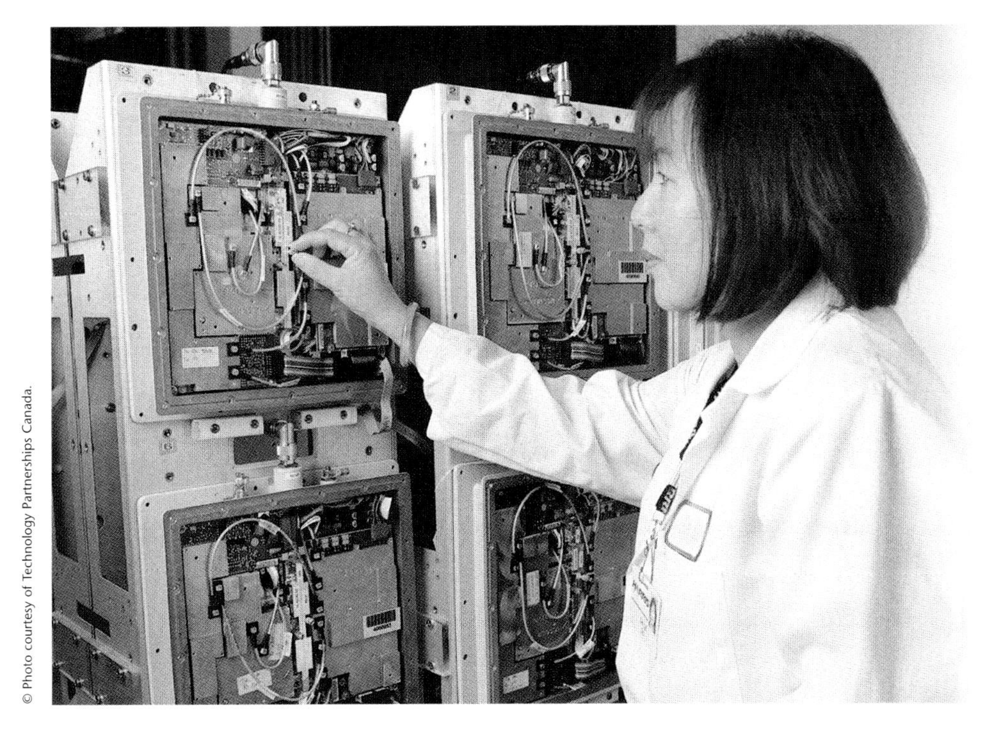

© Photo courtesy of Technology Partnerships Canada.

THE BUSINESS COMMUNITY

Firms bring innovative products to market, adopt leading-edge business practices and apply best practice technologies. The private sector is at the centre of wealth-creating innovation. Governments and academic institutions help by performing and funding R&D, attracting and developing the best work force, getting the incentives right and ensuring that Canada's advantages are internationally recognized.

The Government of Canada will seek to develop joint priorities for action with the business community. There is a pressing need for the business sector to:

- increase investments in R&D;
- increase the share of private sector sales attributable to new innovations;
- innovate in all aspects of business practice including production, business processes, management, financing and marketing;
- develop new products and services in Canada for world markets;
- increase Canada's venture capital investments;
- identify critical skills needs;
- invest in learning and in becoming learning organizations;
- attract the best people from around the world;
- brand Canada abroad as one of the most innovative countries in the world; and
- network with universities, colleges, governments and other businesses to develop new and existing clusters where potential exists.

PROVINCIAL AND TERRITORIAL GOVERNMENTS

To make Canada more innovative, we need more people with the ability to learn throughout their careers. Public investments in our research base must increase. Universities require strong provincial government support for their teaching and community mandates. The innovation environment within which businesses work is created by all levels of government. Policies that affect the innovation environment — stewardship, tax and investment promotion — should promote public and business confidence.

The Government of Canada will work with provincial and territorial governments to build on the outcome of the successful meeting of Ministers of Science and Technology in September 2001. Ministers agreed on the goal of making Canada one of the most innovative countries in the world, while recognizing that different parts of the country will require different approaches and that success will require sustained effort. We will pursue the principles agreed to at that meeting and seek out opportunities to:

- increase cooperation and complementarity of policies, programs and services, while respecting other governments' areas of jurisdiction;
- attract, retain and provide meaningful opportunities to highly qualified people from around the world;
- improve the innovation environment;
- work together on best practices in stewardship and promote innovation;
- develop measurable and complementary innovation targets;
- improve the innovation performance of communities; and
- facilitate the efficient movement of goods, services and labour in the Canadian marketplace.

UNIVERSITIES AND COLLEGES

Canada depends on universities and colleges for research and our supply of highly qualified people. We will need more graduates with research-based (Master's and PhD) degrees, and not just from our largest universities. While few universities excel in all disciplines, none can afford to be less than excellent in some. Pressures for specialization and depth will grow as global competition increases. This will be particularly true for smaller universities. Our research agenda, which is solidly based in curiosity-driven inquiry, must increasingly contribute to the economic and social well-being of Canadians.

Recognizing the role of educational institutions in the national innovation system, the Government of Canada will discuss how universities, colleges and health institutions can:

- ensure that teaching and research capacities are maintained and expanded in the face of faculty retirements and worldwide competition for talent;
- specialize in research niches as a means of developing nationally and globally recognized expertise;
- increase the supply of highly qualified people with the skills required by employers; and
- at least triple key commercialization performance outcomes — this will require the development of innovation strategies, clear intellectual property policies, greater efforts to train technology transfer practitioners and regular reporting on commercialization results.

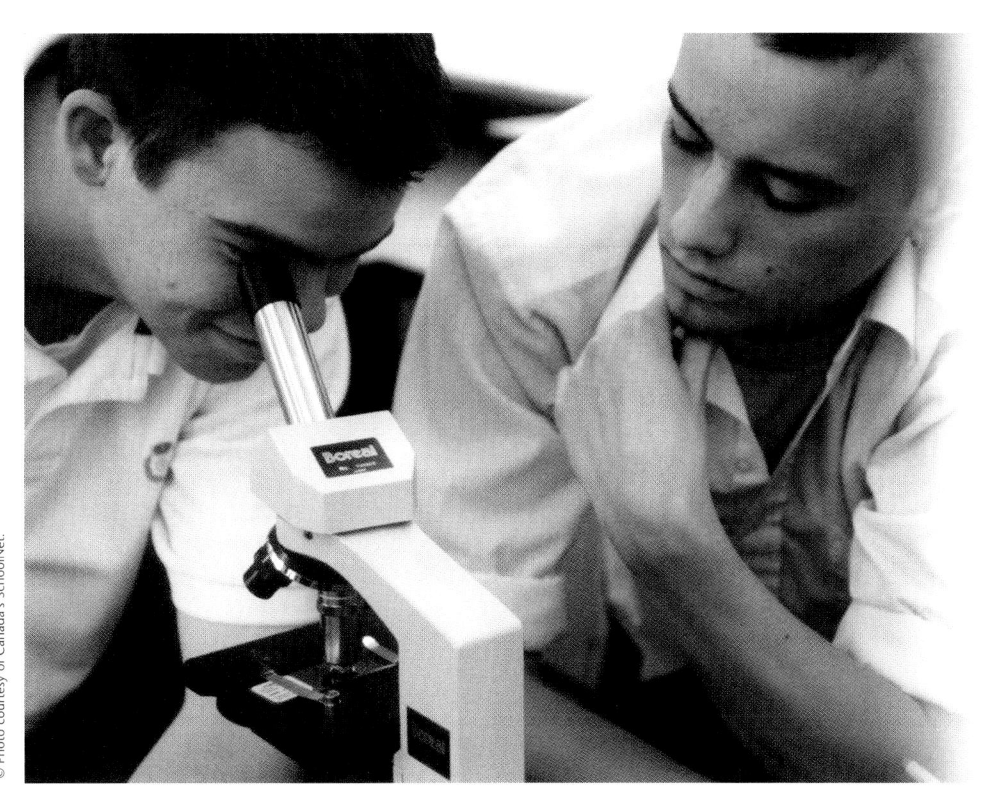

BUILDING A MORE INNOVATIVE CANADA: NEXT STEPS

Achieving Excellence: Investing in People, Knowledge and Opportunity describes the economic and social context surrounding innovation. It offers up for discussion goals and targets to improve Canada's innovative performance. It outlines actions that the Government of Canada could take. All stakeholders are making important contributions to innovation. We must now join efforts to build a leading economy that is one of the most innovative in the world.

As a first step, the Government of Canada has held and will continue to hold discussions with provincial and territorial governments. They are important contributors to Canada's overall innovation effort and are key allies in ensuring that we deliver on our commitment to improve Canada's innovation performance.

The innovation message needs to be taken further than simply between levels of government. Many in the academic and business communities are already well aware of Canada's innovation challenges. The Government of Canada will reach out to these stakeholders and actively participate with them in the development of a national innovation strategy. The government will also show Canadians how they, as individuals, fit in the innovation agenda, and how they can improve their standard of living.

We need to continuously monitor and assess Canada's innovation performance, both in absolute terms and in relation to our competitors. To this end, the Government of Canada will work with

Photo courtesy of Syncrude Canada Ltd.

Photos courtesy of: Canada's SchoolNet, National Research Council Canada, Hibernia Management and Development Company Ltd., and Toronto Tourism.

stakeholders to develop a set of indicators, some of which have been proposed in this paper. These will be tracked over time and will be used to report to Canadians on progress.

A strong economy driven by innovation is necessary to address our security concerns, tackle climate change and other global challenges, improve the health of Canadians, and create opportunities for all. Our standard of living during the next decade will depend on how innovative we are — as firms, governments, education and research institutions, communities and voluntary organizations.

Canada has many economic, social and cultural strengths on which to build. We have many opportunities ahead. Our challenge now is to work together to become, and to be seen as, one of the most innovative nations in the world.

ACHIEVING EXCELLENCE: INVESTING IN PEOPLE, KNOWLEDGE AND OPPORTUNITY

Achieving Excellence: Investing in People, Knowledge and Opportunity is a blueprint for building a stronger, more competitive economy in Canada. It provides an assessment of Canada's innovation performance, proposes national targets to guide the efforts of Canadians over the next decade, and identifies a number of areas where the Government of Canada can act. This paper proposes goals and targets in three key areas — knowledge performance, skills and the innovation environment — as well as for addressing challenges at the community level. In addition, the Government of Canada has identified specific federal priorities, which would constitute its contribution to what must ultimately be a sustained national effort.

ADDRESSING THE KNOWLEDGE PERFORMANCE CHALLENGE

The Government of Canada proposes the following goals, targets and federal priorities to help more firms develop and commercialize leading-edge innovations.

GOALS

- Vastly increase public and private investments in knowledge infrastructure to improve Canada's R&D performance.
- Ensure that a growing number of firms benefit from the commercial application of knowledge.

TARGETS

- By 2010, rank among the top five countries in the world in terms of R&D performance.
- By 2010, at least double the Government of Canada's current investments in R&D.
- By 2010, rank among world leaders in the share of private sector sales attributable to new innovations.
- By 2010, raise venture capital investments per capita to prevailing U.S. levels.

GOVERNMENT OF CANADA PRIORITIES

1. **Address key challenges for the university research environment.**

   The Government of Canada has committed to implementing the following initiatives:

- **Support the indirect costs of university research**. Contribute to a portion of the indirect costs of federally supported research, taking into account the particular situation of smaller universities.

- **Leverage the commercialization potential of publicly funded academic research.** Support academic institutions in identifying intellectual property with commercial potential and forging partnerships with the private sector to commercialize research results.

- **Provide internationally competitive research opportunities in Canada.** Increase support to the granting councils to enable them to award more research grants at higher funding levels.

2. **Renew the Government of Canada's science and technology capacity to respond to emerging public policy, stewardship and economic challenges and opportunities.**

- The Government of Canada will consider a collaborative approach to investing in research in order to focus federal capacity on emerging science-based issues and opportunities. The government would build collaborative networks across government departments, universities, non-government organizations and the private sector.

3. **Encourage innovation and the commercialization of knowledge in the private sector.**

- **Provide greater incentives for the commercialization of world-first innovations.** The Government of Canada will consider increased support for established commercialization programs that target investments in biotechnology, information and communications technologies, sustainable energy, mining and forestry, advanced materials and manufacturing, aquaculture and eco-efficiency.

- **Provide more incentives to small and medium-sized enterprises (SMEs) to adopt and develop leading-edge innovations.** The Government of Canada will consider providing support to the National Research Council Canada's Industrial Research Assistance Program to help Canadian SMEs assess and access global technology, form international R&D alliances, and establish international technology-based ventures.

- **Reward Canada's innovators.** The Government of Canada will consider implementing a new and prestigious national award, given annually, to recognize internationally competitive innovators in Canada's private sector.

- **Increase the supply of venture capital in Canada.** The Business Development Bank of Canada will pool the assets of various partners, invest these proceeds in smaller, specialized venture capital funds and manage the portfolio on behalf of its limited partners.

ADDRESSING THE SKILLS CHALLENGE

The Government of Canada proposes the following goals, targets and federal priorities to develop, attract and retain the highly qualified people required to fuel Canada's innovation performance.

GOALS

- Develop the most skilled and talented labour force in the world.
- Ensure that Canada receives the skilled immigrants it needs and helps immigrants to achieve their full potential in the Canadian labour market and society.

TARGETS

- Through to 2010, increase the admission of Master's and PhD students at Canadian universities by an average of 5 percent per year.
- By 2002, implement the new *Immigration and Refugee Protection Act* and regulations.
- By 2004, significantly improve Canada's performance in the recruitment of foreign talent, including foreign students, by means of both the permanent immigrant and the temporary foreign workers programs.
- Over the next five years, increase the number of adults pursuing learning opportunities by 1 million.

GOVERNMENT OF CANADA PRIORITIES

1. Produce new graduates.

The Government of Canada will consider the following initiatives:

- Provide financial incentives to students registered in graduate studies programs, and double the number of Master's and Doctoral fellowships and scholarships awarded by the federal granting councils.
- Create a world-class scholarship program of the same prestige and scope as the Rhodes Scholarship; support and facilitate a coordinated international student recruitment strategy led by Canadian universities; and implement changes to immigration policies and procedures to facilitate the retention of international students.
- Establish a cooperative research program to support graduate and post-graduate students and, in special circumstances, undergraduates, wishing to combine formal academic training with extensive applied research experience in a work setting.

2. Modernize the Canadian immigration system.

The Government of Canada has committed to:

- Maintain higher immigration levels and work toward increasing the number of highly skilled workers.
- Expand the capacity, agility and presence of the domestic and overseas immigration delivery system to offer competitive service standards for skilled workers, both permanent and temporary.
- Brand Canada as a destination of choice for skilled workers.
- Use a redesigned temporary foreign worker program and expanded provincial nominee agreements to facilitate the entry of highly skilled workers, and to ensure that the benefits of immigration are more evenly distributed across the country.

ADDRESSING THE INNOVATION ENVIRONMENT CHALLENGE

The Government of Canada proposes the following goals, targets and federal priorities to protect Canadians and encourage them to adopt innovations; encourage firms to invest in innovations; and attract the people and capital upon which innovation depends.

GOALS

- Address potential public and business confidence challenges before they develop.
- Ensure that Canada's stewardship regimes and marketplace framework policies are world-class.
- Improve incentives for innovation.
- Ensure that Canada is recognized as a leading innovative country.

TARGETS

- By 2004, fully implement the Council of Science and Technology Advisors' guidelines to ensure the effective use of science and technology in government decision making.
- By 2010, complete systematic expert reviews of Canada's most important stewardship regimes.
- Ensure Canada's business taxation regime continues to be competitive with those of other G-7 countries.
- By 2005, substantially improve Canada's ranking in international investment intention surveys.

GOVERNMENT OF CANADA PRIORITIES

1. **Ensure effective decision making for new and existing policies and regulatory priorities.**

   The Government of Canada will consider the following initiatives:

- Support a "Canadian Academies of Science" to build on and complement the contribution of existing Canadian science organizations.
- Undertake systematic expert reviews of existing stewardship regimes through international benchmarking, and collaborate internationally to address shared challenges.

2. **Ensure that Canada's business taxation regime is internationally competitive.**

- The Government of Canada will work with the provinces and territories to ensure that Canada's federal, provincial and territorial tax systems encourage and support innovation.

3. **Brand Canada as a location of choice.**

- The Government of Canada has committed to a sustained investment branding strategy. This could include Investment Team Canada missions and targeted promotional activities.

ADDRESSING COMMUNITY-BASED INNOVATION CHALLENGES

The Government of Canada proposes the following goals, targets and federal priorities to support innovation in communities across the country.

GOALS

- Governments at all levels work together to stimulate the creation of more clusters of innovation at the community level.
- Federal, provincial/territorial and municipal governments cooperate and supplement their current efforts to unleash the full innovation potential of communities across Canada, guided by community-based assessments of local strengths, weaknesses and opportunities.

TARGETS

- By 2010, develop at least 10 internationally recognized technology clusters.
- By 2010, significantly improve the innovation performance of communities across Canada.
- By 2005, ensure that high-speed broadband access is widely available to Canadian communities.

GOVERNMENT OF CANADA PRIORITIES

1. **Support the development of globally competitive industrial clusters.**

- The Government of Canada will accelerate community-based consultations already under way to develop technology clusters where Canada has the potential to develop world-class expertise, and identify and start more clusters.

2. **Strengthen the innovation performance of communities.**

- The Government of Canada will consider providing funding to smaller communities to enable them to develop innovation strategies tailored to their unique circumstances. Communities would be expected to engage local leaders from the academic, private and public sectors in formulating their innovation strategies. Additional resources, drawing on existing and new programs, could be provided to implement successful community innovation strategies.
- As part of this effort, the Government of Canada will work with industry, the provinces and territories, communities and the public to advance a private sector solution to further the deployment of broadband, particularly for rural and remote areas.

INNOVATION STRATEGIES IN OTHER COUNTRIES

Industrialized countries the world over have recognized the importance of innovation in improving their standard of living and quality of life. Some, such as the U.K. and Australia, have articulated formal national strategies to improve their performance. Others have not launched formal strategies but support innovation vigorously, and are top performers in comparison to their competitors. The United States and Sweden are representative of this group. This appendix presents a brief description of these countries' approaches to innovation as expressed in national innovation strategies or as is apparent from current policies.

UNITED KINGDOM

The U.K.'s most recent innovation strategy was released in 2001 (*A White Paper on Enterprise, Skills and Innovation: Opportunity for All In a World of Change*). The strategy's focus is on a set of initiatives and actions in five key areas: developing a more highly skilled work force; building strong regions and communities; spreading the benefits of new research and technologies and developing new world-beating industries; ensuring markets operate effectively and fairly; and strengthening Britain's position in European and global trade. The strategy also establishes a benchmarking process to assess progress.

The U.K.'s innovation strategy places great emphasis on accelerating the development of the next generation of communication infrastructure. R&D support has been targeted at funding selected technologies (genomics, basic technologies and e-science) and also at developing policies that encourage investment in R&D by the private sector. With respect to the work force, the strategy focuses on lifelong learning and continuous re-skilling by providing a framework in which individuals and employers can invest in skills. All areas of the strategy are sensitive to regional and community development concerns.

AUSTRALIA

Australia's innovation strategy, *Backing Australia's Ability, an Innovation Action Plan for the Future,* focuses on the government's commitment to three key elements in the innovation process: strengthening Australia's ability to generate ideas and undertake research; accelerating the commercial application of these ideas; and developing and retaining Australian skills. The strategy focuses on providing support for internationally competitive research, infrastructure, incentives for R&D investment, and assistance to firms in the commercialization process. With respect to skills, Australia proposes further investments in post-secondary institutions and amendments to the immigration process. The government is also commited to reviewing regulatory frameworks and strengthening the country's intellectual property regimes.

UNITED STATES

Although the United States does not have a formally articulated innovation strategy, it is, by almost all measures, the most innovative country in the world. Key initiatives include funding basic research in universities, ensuring graduate-level educational opportunities for qualified students, funding federal government laboratories and conducting large amounts of defence research. Significant efforts are made to coordinate, but not centralize, federal activity in these areas. The U.S. has an effective framework for competition, and is now focusing on expanding this framework to international markets through trade agreements and negotiations.

The U.S. is building on its research base, one of the best in the world, in order to provide the necessary frameworks and infrastructure to effectively enable the diffusion of knowledge. The development of partnerships, testbeds, analytical tools, technical support and standardized testing protocols all serve to provide a sound base upon which firms can take decisions with respect to the adoption of new, innovative technologies. R&D investments by the government have increased in recent years. The U.S. government has also committed to increasing its investment in infrastructure for schools, expanding college aid, providing training programs in the workplace and assisting communities in need. In order to help the business community have access to an increased supply of highly qualified people, the government recently revised its immigration policies to augment the number of working visas provided.

SWEDEN

Although Sweden has not formally presented a strategy on innovation, its policies demonstrate a strong commitment to innovation. Sweden recognizes that knowledge diffusion is a crucial link between knowledge generation and commercialization. It encourages the diffusion of knowledge, which also facilitates the effective integration of regional programs into a more national approach. Sweden's approach to skills is directed at providing development and employment opportunities for the existing work force.

ATTEINDRE L'EXCELLENCE

INVESTIR DANS LES GENS, LE SAVOIR ET LES POSSIBILITÉS

Au XXIe siècle, nous devons mener notre action à la fois sur les fronts social et économique. Nous pourrons ainsi montrer au monde entier un Canada dont la société est vouée à l'innovation comme à l'inclusion, à l'excellence comme à la justice.

Le très honorable Jean Chrétien
Premier ministre du Canada
Réponse au discours du Trône, janvier 2001

LA STRATÉGIE D'INNOVATION DU CANADA

La stratégie d'innovation du Canada est présentée sous forme de deux documents, qui traitent de ce que le Canada doit faire pour assurer l'égalité des chances et l'innovation économique dans la société du savoir.

Atteindre l'excellence : investir dans les gens, le savoir et les possibilités reconnaît le besoin de considérer l'excellence comme un bien stratégique national. On y met l'accent sur les moyens de renforcer la capacité scientifique et de recherche et de faire en sorte que ces connaissances contribuent à l'établissement d'une économie innovatrice au profit de tous les Canadiens.

Le savoir, clé de notre avenir : le perfectionnement des compétences au Canada reconnaît que dans la société du savoir, les gens constituent la ressource la plus importante d'un pays. On y présente ce que le Canada peut faire pour renforcer l'apprentissage, développer le talent de chacun et offrir à tous la possibilité de contribuer à la nouvelle économie et d'en tirer parti.

Ces deux publications sont également offertes par voie électronique sur le Web **(http://www.strategieinnovation.gc.ca).**

On peut obtenir cette publication sur demande en médias substituts. À cette fin, communiquer avec le Centre de diffusion de l'information dont les coordonnées suivent.

Pour obtenir des exemplaires du présent document, s'adresser également au Centre :

Centre de diffusion de l'information
Direction générale des communications et du marketing
Industrie Canada
Bureau 268D, tour Ouest
235, rue Queen
Ottawa (Ontario) K1A 0H5

Téléphone : (613) 947-7466
Télécopieur : (613) 954-6436
Courriel : **publications@ic.gc.ca**

N.B. Dans cette publication, la forme masculine désigne tant les femmes que les hommes.

N° de catalogue C2-596/2001
ISBN 0-662-66357-8
53564B

Contient 10 p. 100 de
matières recyclées

TABLE DES MATIÈRES

MESSAGE DU PREMIER MINISTRE

Le Canada est l'une des grandes réussites de notre temps.

Grâce à l'effort, à l'ingéniosité et à la créativité de nos citoyens, nous bénéficions d'une prospérité extraordinaire et d'une qualité de vie incomparable. Les grandes caractéristiques de notre histoire sont l'adaptation et l'innovation. La petite société agraire de l'époque de la Confédération est devenue un grand centre industriel. Et nous y sommes parvenus à la manière canadienne, c'est-à-dire en créant entre les citoyens, les entrepreneurs et les gouvernements un partenariat générateur de nouvelles idées et de nouvelles approches qui nous a permis de saisir les nouvelles opportunités avec énergie et enthousiasme.

La manière canadienne implique aussi un engagement national inébranlable envers le partage de la prospérité et l'égalité des chances; envers la conviction selon laquelle le succès économique et le succès social vont de pair et tous les Canadiens doivent bénéficier des moyens et de la possibilité de réaliser leur potentiel et de contribuer à rehausser le niveau de vie et à favoriser le mieux-être général au Canada.

Dans la nouvelle économie mondiale du savoir du 21e siècle, la prospérité est tributaire de l'innovation, qui à son tour dépend des investissements que nous consacrons à la créativité et aux talents de nos citoyens. Il nous faut investir non seulement dans la technologie et dans l'innovation, mais aussi, à la manière canadienne, dans la création d'une société inclusive où tous les Canadiens et Canadiennes peuvent mettre à profit leurs talents, leurs compétences et leurs idées et où l'imagination, les savoir-faire et la faculté d'innover se conjuguent au mieux.

Cet objectif est au cœur de l'action de notre gouvernement et sous-tend le discours du Trône de 2001. C'est pourquoi nous sommes tellement déterminés à travailler avec les provinces, les territoires et nos autres partenaires à la réalisation d'un projet national visant à nous donner une main-d'oeuvre qualifiée et une économie innovatrice.

Afin de stimuler la réflexion et d'aider à cristalliser un effort pancanadien, nous publions deux documents intitulés *Le savoir, clé de notre avenir : le perfectionnement des compétences au Canada* et *Atteindre l'excellence : investir dans les gens, le savoir et les possibilités*. Nous souhaitons ainsi amorcer un débat en vue de dégager un vaste consensus sur les objectifs nationaux communs, mais aussi sur la manière canadienne de les atteindre.

Le premier ministre du Canada,

Jean Chrétien

L'ingéniosité a toujours joué un rôle essentiel dans le progrès. Nous lui devons la presse à imprimer, la turbine à vapeur, l'électricité et Internet. Toutes ces inventions ont changé à jamais notre mode de vie et nos relations les uns avec les autres. Aujourd'hui, des découvertes spectaculaires dans la recherche médicale, les télécommunications et la science transforment le monde dans lequel le Canada doit soutenir la concurrence.

Par son ingéniosité, le Canada contribue aux innovations mondiales. Il suffit, pour s'en convaincre, de songer au téléphone, à l'insuline, au stimulateur cardiaque et à Canadarm. Notre population active est la plus instruite du monde. Ces dernières années, le Canada a résorbé les déficits publics, maîtrisé l'inflation, considérablement réduit le chômage, amélioré son ratio de la dette au PIB et beaucoup investi dans l'infrastructure sur laquelle s'appuie la recherche-développement. Cela a aidé à faire du Canada un pays concurrentiel où il est intéressant de faire des affaires. Mais ce n'est pas suffisant.

Nous devons maintenant passer à l'étape suivante, c'est-à-dire trouver des moyens d'appuyer les équipes de recherche canadiennes qui font des grandes découvertes, les entreprises qui se taillent de nouveaux marchés grâce à des produits et à des services novateurs, les industries traditionnelles qui continuent d'innover et prouvent ainsi qu'elles peuvent livrer concurrence à l'échelle mondiale, et les collectivités canadiennes qui attirent des compétences de tout premier ordre et des entreprises ayant un sens aigu des affaires.

Le moment est venu de voir ce que le Canada a accompli et de nous demander *: que nous faut-il faire pour continuer dans ce sens et plus vite, et pour multiplier les réussites dans tout le pays, aujourd'hui et demain? Le moment est venu de conjuguer véritablement nos efforts à l'échelle nationale pour atteindre l'excellence dans tout ce que nous entreprenons, pour être les meilleurs et rien de moins.*

Si nous réussissons, *tous* les Canadiens y gagneront une meilleure qualité de vie. Nous devons établir un partenariat entre les différents ordres de gouvernement, les chercheurs, les universitaires, les entreprises et les Canadiens. *Atteindre l'excellence : investir dans les gens, le savoir et les possibilités* nous explique en détail comment y parvenir. À présent, nous devons débattre ces idées à l'échelle nationale. Nous devons comprendre que notre succès permettra au Canada de définir sa place dans le monde.

Nous avons toute l'imagination, toute la créativité et toute l'ingéniosité dont nous avons besoin. Le défi consiste à s'assurer que le Canada et tous les Canadiens en tirent profit.

Le ministre de l'Industrie,

Allan Rock

INTRODUCTION

INNOVER, C'EST TIRER DU SAVOIR DE NOUVEAUX AVANTAGES ÉCONOMIQUES ET SOCIAUX

L'innovation s'appuie sur le savoir pour mettre au point de nouveaux produits et services ou trouver de nouvelles façons de concevoir, de produire et de commercialiser des produits ou services existants pour les marchés public et privé. Le terme « innovation » renvoie à la fois au processus de création et à son résultat. Une innovation peut constituer une première mondiale ou, tout simplement, une nouveauté au Canada ou pour l'organisation qui l'utilise. Si innover a toujours été l'un des moteurs de la croissance économique et du développement social, force est de constater que, dans l'économie du savoir actuelle, cette fonction est devenue primordiale.

LE SAVOIR EST DEVENU LA LOCOMOTIVE DE LA PERFORMANCE ÉCONOMIQUE

Les facteurs qui, par le passé, déterminaient le succès des entreprises, comme les économies d'échelle, de faibles coûts de production, la disponibilité des matières premières et de faibles coûts de transport, contribuent encore à leur réussite économique. La différence, c'est qu'aujourd'hui, le savoir et les ressources qui le produisent, c'est-à-dire le capital humain, occupent beaucoup plus de place. Le savoir est la principale source d'avantage concurrentiel, et ce sont des personnes qui l'incarnent, le créent, le développent et l'appliquent. Il suffit de voir la création d'emplois au Canada pour se rendre compte de l'importance prise par ce secteur (graphique 1).

L'innovation est également considérée comme quelque chose que l'on peut encourager *systématiquement* dans toute l'économie et pas seulement dans des laboratoires de recherche-développement (R-D). Avant, nous pensions que l'innovation était tout bonnement le fruit de l'esprit d'entreprise individuel. À présent, nous y voyons quelque chose qui peut être encouragé dans le cadre d'une

La poignée de main canadienne

L'astronaute canadien Chris Hadfield a réveillé la fierté nationale en installant Canadarm2 dans la station spatiale internationale. Le moment fort de la mission a été celui où les deux générations de bras robotiques canadiens ont travaillé ensemble, dans l'espace, réaffirmant la réputation du Canada en tant que chef de file de l'industrie de la robotique.

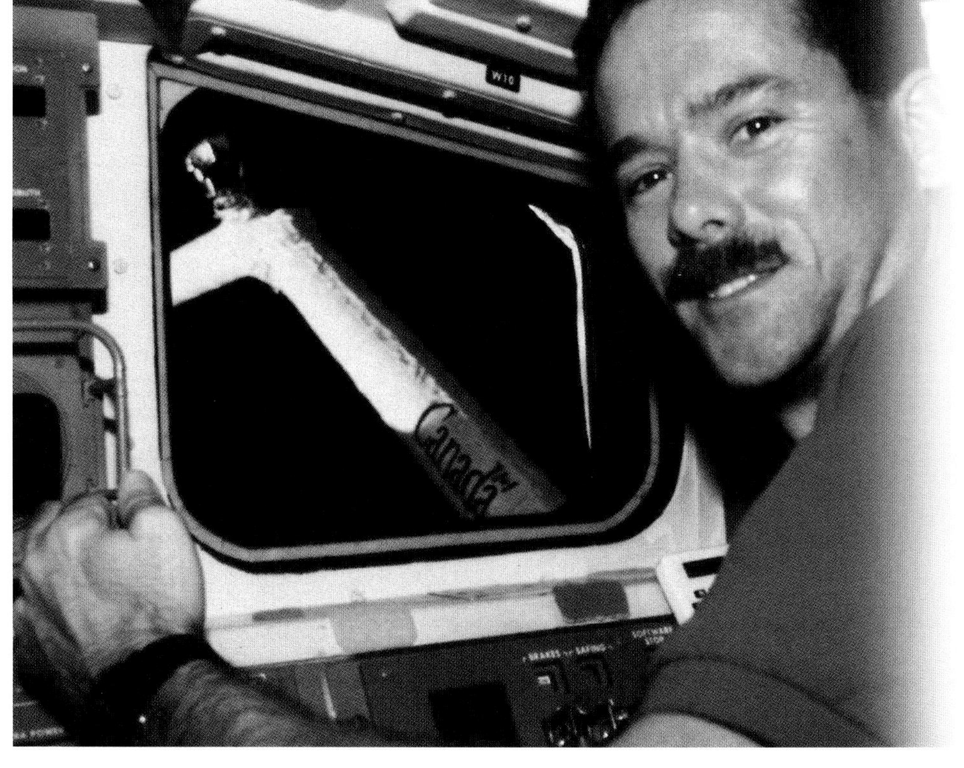

Image NASA courtoisie l'Agence spatiale canadienne, **www.espace.gc.ca**

Graphique 1 Variation nette de l'emploi au Canada, 1990-2000

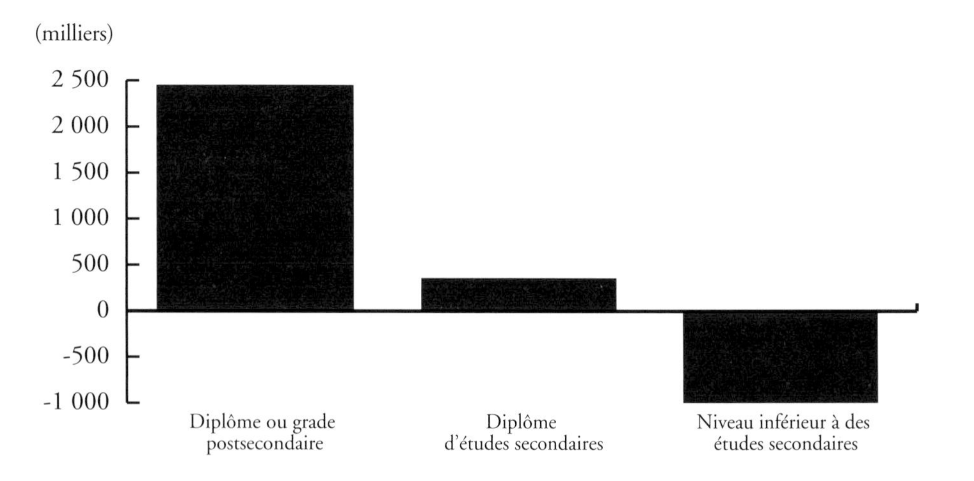

Source : Compilation fondée sur les Enquêtes sur la population active de Statistique Canada, 1990-2000.

stratégie délibérée visant à améliorer la productivité nationale et le niveau de vie des Canadiens. La promotion consciente de l'innovation est devenue un objectif important de la politique économique et sociale.

LE RYTHME DE L'INNOVATION S'ACCÉLÈRE

On tire plus rapidement que jamais de nouvelles connaissances de connaissances anciennes. De nouveaux produits remplacent rapidement les anciens. Les nouvelles technologies de production sont adoptées plus rapidement. Dans beaucoup d'industries, le cycle de vie des produits est raccourci.

Les progrès technologiques rapides que l'on enregistre dans le secteur des technologies de l'information et des communications représentent autant d'innovations importantes. Mais, plus important encore, ils sont à l'origine de nouvelles vagues de recherche et de transformations technologiques dans d'autres secteurs, notamment les sciences de la vie, les ressources naturelles, l'environnement, les transports et la fabrication de pointe. À l'instar des ordinateurs et des télécommunications, la biotechnologie et la génomique, science qui permet de déchiffrer et de comprendre le code génétique, promettent de transformer notre vie.

TOUTES LES RÉGIONS DU CANADA ET TOUS LES SECTEURS DE LA SOCIÉTÉ CANADIENNE SONT CONCERNÉS PAR L'ÉCONOMIE DU SAVOIR

Il y a 10 ans à peine, il était courant d'associer l'économie du savoir à certains secteurs, comme les technologies de l'information et des communications, ou à certaines régions, comme la Silicon Valley (États-Unis). Aujourd'hui, l'économie du savoir ne connaît pratiquement plus de frontière industrielle ou géographique. Dans toutes les industries, des ressources naturelles aux services, en passant par la fabrication, on accroît les connaissances, on trouve de nouveaux moyens d'ajouter de la valeur et on les applique de manière à obtenir de meilleurs résultats économiques.

Les camionneurs et la technologie

Les camionneurs commerciaux doivent communiquer avec leur entreprise, des répartiteurs, des expéditeurs et des agents des douanes en utilisant des ordinateurs de bord perfectionnés et d'autre matériel de communication de haute technologie. Ils doivent savoir faire fonctionner les systèmes installés à bord des camions qui dictent la vitesse et la configuration du véhicule pour une consommation de carburant optimale, et interpréter les données. L'efficacité et la compétitivité globales d'une entreprise de transport dépendent de plus en plus des compétences de ses camionneurs.

Agriculture de précision

Une nouvelle méthode agricole, appelée l'agriculture de précision, repose sur le système de positionnement mondial (GPS). Un dispositif de surveillance du rendement installé sur le tracteur utilise le GPS pour glaner des renseignements essentiels sur différents champs. Grâce à cette technologie, un agriculteur peut savoir quels secteurs ont besoin de plus de pesticides ou d'humidité. L'agriculture de précision se taille actuellement la réputation d'être l'un des meilleurs moyens d'accroître les rendements et les bénéfices, simplement en aidant les agriculteurs à faire de meilleurs choix.

Nouvelle thérapie pour le traitement de la perte de la vue

Une entreprise canadienne a été autorisée dernièrement à utiliser un nouveau traitement de la forme humide de la dégénérescence maculaire liée à l'âge, principale cause de perte grave de la vue chez les personnes de plus de 50 ans. Ce traitement est le premier qui offre un soulagement aux personnes atteintes de dégénérescence maculaire, maladie qui grève lourdement la qualité de vie.

En agriculture, par exemple, les progrès réalisés dans les sciences biologiques et en informatique ont permis d'accélérer la mise au point de nouveaux produits à partir de ressources agricoles renouvelables. Certaines cultures servent maintenant à des fins nouvelles, qu'il s'agisse de carburants renouvelables, de « nutraceutiques » — sources de substances médicales. Ces produits se vendent à prix fort, d'une part, parce qu'ils respectent des normes rigoureuses en matière de sécurité et de protection de l'environnement et, d'autre part, parce qu'ils répondent à une demande croissante de produits particuliers sur les marchés de spécialités.

Dans le secteur culturel, on allie innovation, connaissances et créativité pour donner naissance à de nouvelles formes d'expression artistique. Les artistes canadiens utilisent des technologies de pointe telles que la large bande et le multimédia. Dans les spectacles en direct, ils utilisent des microphones sans fil. Des matériaux et des tissus nouveaux pour les costumes et les décors ainsi que des systèmes d'éclairage informatisés complexes transforment les arts de la scène. Un milieu artistique dynamique est tout autant un produit qu'un élément de l'économie du savoir moderne, car il génère de nouvelles idées, stimule la créativité dans l'ensemble de l'économie et de la société, et contribue à une qualité de vie à la fois riche et gratifiante.

L'application d'innovations dans les domaines de la santé, de l'éducation, de l'énergie renouvelable, des transports, de la sécurité et de l'écoefficacité contribue directement à améliorer la qualité de la vie au Canada. Des innovations telles que la pile à combustible, les membranes de filtration de l'eau et les nouvelles technologies de biorestauration améliorent la qualité de l'air, de l'eau et des sols. L'innovation permet d'améliorer l'état de santé de la population canadienne, car elle apporte de nouveaux médicaments, de nouvelles techniques chirurgicales, de nouvelles méthodes de diagnostic et de nouvelles prothèses, tous plus efficaces. Les nouvelles thérapies géniques qui se dessinent à l'horizon promettent une vague de traitements plus efficaces et, dans bien des cas, moins effractifs pour quantité de maladies et de problèmes de santé. De meilleures mesures de sécurité dans les aéroports, y compris grâce à des systèmes de lecture faciale, de lecture de l'iris et d'impression automatique de l'empreinte du pouce, deviendront possibles grâce à des technologies novatrices.

Photo reproduite avec la permission d'Agriculture et Agroalimentaire Canada

Premières nations — Saisir les occasions

La responsabilité financière et le sens des affaires de la collectivité autochtone de Membertou, au Cap-Breton, transforment la collectivité. La bande, qui attire l'attention de partenaires commerciaux de tout le continent, a reçu la certification ISO 9000 de son processus d'intendance, véritable label de qualité en commerce international. L'an dernier, ses mille membres ont généré 52 millions de dollars en activités économiques, et la situation sociale s'est considérablement améliorée.

Non seulement l'innovation est intersectorielle, mais en plus, elle touche autant les grandes agglomérations urbaines que les collectivités rurales, isolées et autochtones. Aujourd'hui, dans toutes les régions du Canada, des collectivités saisissent les occasions que leur offre l'économie du savoir, s'appuient sur les atouts locaux et développent de nouveaux domaines de compétence.

DANS L'ÉCONOMIE MONDIALE DU SAVOIR, C'EST EN MAXIMISANT SA CAPACITÉ NOVATRICE QUE LE CANADA ASSOIRA SON AVANTAGE CONCURRENTIEL

Pour les entreprises canadiennes, innover signifie devenir plus concurrentiel sur des marchés de plus en plus mondiaux. Les industries les plus novatrices du Canada affichent de meilleurs résultats sur le plan de la productivité, prennent plus rapidement de l'expansion et créent des emplois de meilleure qualité qui sont mieux rémunérés. Les industries les plus novatrices sont également tournées vers l'extérieur, ce qui leur permet de mieux réussir sur les marchés mondiaux[1].

Pour les Canadiens, innover est synonyme de meilleur niveau de vie, de revenus plus élevés et d'emplois meilleurs et plus nombreux. Quand de nouvelles technologies et d'autres types d'innovations sont mis au point ici, les Canadiens bénéficient des améliorations apportées à la qualité de vie et des avantages économiques de la création d'emplois. La croissance économique alimentée par l'innovation ouvre plus de possibilités et de choix aux citoyens, y compris en ce qui concerne les richesses nécessaires pour faire de nouveaux investissements sociaux dans des domaines tels que l'éducation, la santé et la culture.

1. Wulong Gu, Gary Sawchuk et Lori Whewell, *Innovation et performance des industries canadiennes*, Industrie Canada, 2001. Parmi les industries très novatrices figurent des industries qui font beaucoup de R-D, qui déposent un grand nombre de brevets et qui se montrent très concurrentielles à l'échelle internationale.

Les chaises roulantes de la prochaine génération

Le Southern Alberta Institute of Technology de Calgary aide une petite entreprise à mettre au point le mécanisme d'entraînement d'une nouvelle chaise roulante et à en faire un prototype. Le système d'entraînement modifié permettra à l'utilisateur de propulser manuellement la chaise par un geste horizontal, au lieu du mouvement rotatoire habituel. La toute nouvelle chaise roulante soulagera des problèmes musculaires, articulaires et autres liés au mouvement de rotation des bras.

Cartographie des fonds marins

En utilisant des techniques canadiennes de cartographie des fonds marins, une entreprise de la Nouvelle-Écosse a amélioré sa productivité tout en respectant l'environnement. Ces techniques permettent d'obtenir des images en trois dimensions des fonds marins grâce à des méthodes ultramodernes de collecte de données et de télédétection. Elles aident à localiser avec précision les meilleurs endroits pour pêcher le pétoncle, tout en évitant les captures dans des écosystèmes fragiles.

L'INNOVATION EST MONDIALE ET DÉTERMINÉE PAR LE MARCHÉ

Les entreprises sont au cœur de l'innovation, notamment en ce qui concerne la mise au point et la commercialisation de nouveaux produits et technologies. Beaucoup d'entreprises canadiennes — petites, moyennes et grandes — mettent au point de nouveaux produits. Beaucoup d'autres appliquent de nouvelles technologies pour devenir plus productives et pour gagner en écoefficacité en ce qui concerne les matériaux, les méthodes de fabrication et les produits. D'autres encore innovent en adoptant de nouveaux modes d'organisation, de financement, de commercialisation et de gestion. Innover demande beaucoup de choses, comme la recherche, mais aussi des stratégies commerciales ciblées, une approche globale, un financement concurrentiel, une gestion des risques et des changements organisationnels.

Le sens aigu des affaires et l'entrepreneuriat des entreprises sont les principaux moteurs de l'innovation au Canada. Cependant, l'innovation ne va pas sans risque. Souvent, on est loin d'être certain de pouvoir rentabiliser les investissements consentis dans la mise au point de nouveaux produits, de nouveaux procédés ou de nouvelles techniques. La concurrence est féroce, et l'on doit faire des investissements de plus en plus considérables pour commercialiser de nouvelles découvertes.

LES PARTENARIATS SONT ESSENTIELS POUR ACCROÎTRE LES POSSIBILITÉS D'INNOVER ET ATTÉNUER LES RISQUES

Les universités, les collèges, les hôpitaux de recherche et les établissements techniques jouent un rôle important dans la recherche et dans la création de connaissances. Ils aident le secteur privé à mettre au point et à adopter des innovations. Ils sont également les principaux intervenants dans la formation des personnes hautement qualifiées qui créent et appliquent ces connaissances.

Agro-industrie

Le Olds College Centre for Innovation (OCCI) est un nouvel incubateur qui fait de la recherche appliquée avec des partenaires industriels. Il appuie aussi la commercialisation de nouveaux produits agricoles. L'OCCI, qui est financé par les secteurs public et privé, renforce la capacité d'innovation du secteur agricole dans l'Ouest du Canada.

Téléphone cellulaire

Grâce à un chercheur d'une université canadienne, les conversations coupées sur votre téléphone cellulaire seront bientôt un lointain souvenir. En effet, ce chercheur a élaboré une théorie selon laquelle un circuit radiotéléphonique pourrait être conçu sur une micropuce plus efficace, ce qui augmenterait considérablement la durée de la pile. Non seulement son système s'est révélé possible à réaliser, mais il est aussi facile à produire en série que des croustilles.

Les gouvernements sont responsables de la recherche appuyant le « milieu de l'innovation », autrement dit, des politiques qui définissent bon nombre des incitations à innover et protègent l'intérêt général. Ils font aussi de la recherche, souvent avec une vision à plus long terme que celle du secteur privé, pour appuyer leurs mandats de développement économique. Ils apportent le soutien financier qui permet aux établissements d'enseignement de faire de la recherche et de former la prochaine génération de personnes hautement qualifiées. Les laboratoires gouvernementaux forment de plus en plus de partenariats entre eux, avec des établissements d'enseignement et des entreprises, et avec des organismes du monde entier. Les partenariats deviennent de plus en plus essentiels pour créer et appliquer les connaissances qui soustendent une réglementation et un développement économique sains. Les gouvernements devraient se montrer plus novateurs dans ces fonctions et contribuer à un environnement public plus propice à la créativité et à l'innovation.

LES PAYS NOVATEURS OUVRENT VOLONTIERS LA PORTE AU CHANGEMENT, QU'ILS CONSIDÈRENT COMME UNE CHANCE, ET EN FONT UNE VALEUR FONDAMENTALE

Les pays novateurs sont constamment à la recherche de nouvelles possibilités, autrement dit de nouvelles façons d'améliorer leurs perspectives économiques et leur qualité de vie. Les sociétés novatrices sont entreprenantes. Elles créent des richesses, récompensent l'initiative individuelle, recherchent l'excellence à l'échelle internationale et contribuent à améliorer la qualité de vie de tous leurs membres. Les pays novateurs sont ouverts et inclusifs. Ils apprécient les connaissances, quelle qu'en soit l'origine, et offrent des possibilités de premier ordre non seulement à tous leurs citoyens, mais aussi aux gens de talent venant du monde entier. Les pays novateurs accordent une grande priorité à l'investissement dans l'innovation et s'efforcent de maintenir leurs investissements en période de récession.

Système d'information sur les feux de végétation

Quelque 10 000 feux de végétation détruisent environ 2,5 millions d'hectares de forêt chaque année, ce qui coûte plus ou moins un demi-milliard de dollars. Le Service canadien des forêts de Ressources naturelles Canada est un chef de file mondial dans la mise au point de systèmes d'information sur les feux de végétation qui aident les pompiers à évaluer les risques et la propagation des incendies de forêt. Des éléments de ce système sont maintenant utilisés en Alaska, en Nouvelle-Zélande, en Floride et dans les pays de l'Association des Nations de l'Asie du Sud-Est pour lutter contre ce problème.

Le Canada devrait viser à devenir rien de moins qu'un des pays les plus novateurs au monde. Pour y parvenir, il lui faut une stratégie nationale d'innovation pour le XXIe siècle. Le présent document, *Atteindre l'excellence : investir dans les gens, le savoir et les possibilités*, marque une étape importante dans ce sens. Il présente une évaluation de la performance du Canada sur le plan de l'innovation, propose des objectifs nationaux afin de guider tous les intervenants dans leurs efforts au cours de la prochaine décennie, et cerne un certain nombre de domaines où le gouvernement du Canada peut intervenir pour améliorer la performance nationale sur le plan de l'innovation (voir l'annexe A). Cela ne suffit pas en soi. Pour réussir, tous les ordres de gouvernement, le secteur privé, les universitaires et d'autres parties intéressées doivent contribuer à rendre le Canada plus novateur.

Atteindre l'excellence : investir dans les gens, le savoir et les possibilités constituera la base de discussions entre le gouvernement du Canada et des intervenants clés dans les prochains mois. Ces discussions viseront :

- à parvenir à une définition commune de la nature du défi que le Canada doit relever en matière d'innovation;
- à s'entendre sur des objectifs nationaux qui nous guideront dans tous nos efforts;
- à recueillir des commentaires sur les priorités d'action proposées;
- à envisager des engagements complémentaires des partenaires;
- à préparer un suivi des progrès et des comptes rendus aux Canadiens sur les résultats de ces efforts.

Depuis quelques années, les gouvernements, les universités et le secteur privé investissent beaucoup dans l'innovation. En conséquence, le Canada améliore rapidement sa capacité d'innovation et, dans certains secteurs, il affiche le taux de croissance le plus rapide. Cependant, plusieurs pays ont agi plus tôt. Le Canada accuse donc un retard sur de nombreux pays développés pour ce qui est de la performance globale. Il n'y a pas de temps à perdre. Des organisations internationales comme le Forum économique mondial estiment que les perspectives économiques du Canada sont plus prometteuses que sa performance actuelle le laisserait supposer. Nous en concluons donc que nous sommes sur la bonne voie. Cependant, nous devons continuer de nous appuyer sur nos atouts pour réaliser notre potentiel.

LE CANADA S'ACHEMINE VERS UNE ÉCONOMIE PLUS NOVATRICE

L'économie mondiale a commencé à montrer des signes de faiblesse au début de 2001. Devant la situation aux États-Unis, les difficultés persistantes au Japon, les perspectives moins bonnes en Europe et un déclin marqué dans plusieurs pays émergents, le Fonds monétaire international a revu sensiblement à la baisse ses prévisions relatives à la croissance mondiale. Et les attentats du 11 septembre ont encore aggravé la situation économique américaine.

Pour la première fois en 25 ans, le Canada est aux prises avec un ralentissement économique qui frappe en même temps tous les grands marchés du monde. Plus de 40 p. 100 de l'activité économique canadienne tient aux exportations, or le ralentissement mondial ne les a pas épargnées, comme le montre notre performance à la baisse de la première moitié de 2001. De plus, les attentats du 11 septembre ont eu des répercussions sur notre performance, notamment dans des secteurs tels que les transports et le tourisme.

En cette période d'incertitude, il est important de redonner à chacun un sentiment de sécurité. C'est là un des principaux objectifs du budget de 2001 du gouvernement du Canada. Cependant, le budget a également annoncé une série d'investissements importants destinés à relancer l'économie en cette période de ralentissement et à améliorer les perspectives économiques du Canada

LE CANADA DANS UN MONDE AXÉ SUR L'INNOVATION

à moyen et à long terme. Le gouvernement a réussi, par l'entremise d'initiatives stratégiques, à maintenir son engagement en ce qui a trait au programme d'innovation. Notre succès économique dépendra de la compréhension que nous aurons des grands courants qui dessinent le monde de demain. On les retrouve dans les transformations qu'entraînent les nouvelles technologies. Des facteurs économiques fondamentaux solides sont indispensables pour les affronter, tout comme l'ingéniosité et l'innovation dont savent faire preuve les Canadiens. Depuis 1993, le gouvernement du Canada poursuit un plan à long terme qui vise ces priorités et qui jette les bases d'une croissance vigoureuse et durable.

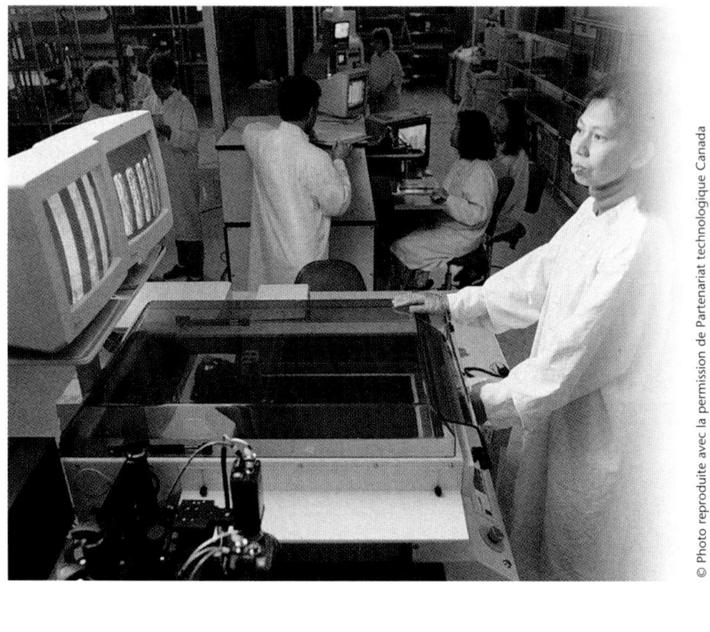

Par rapport au reste du monde, les Canadiens jouissent d'un niveau et d'une qualité de vie exceptionnels. Leurs revenus sont élevés, leur espérance de vie est longue, la population est en bonne santé, les collectivités sont sûres et le milieu naturel est le meilleur qui soit. Le Canada s'est toujours classé parmi les tout premiers pays ayant la meilleure qualité de vie au monde. Cependant, nous avons aussi des défis importants à relever ensemble. *Atteindre l'excellence : investir dans les gens, le savoir et les possibilités* porte forcément sur ces défis. Il encourage les Canadiens à les relever en ayant confiance dans leurs capacités, et en sachant que le Canada fait fond sur ses atouts.

Graphique 2 PIB par habitant
($US, selon la parité des pouvoirs d'achat, 2000)

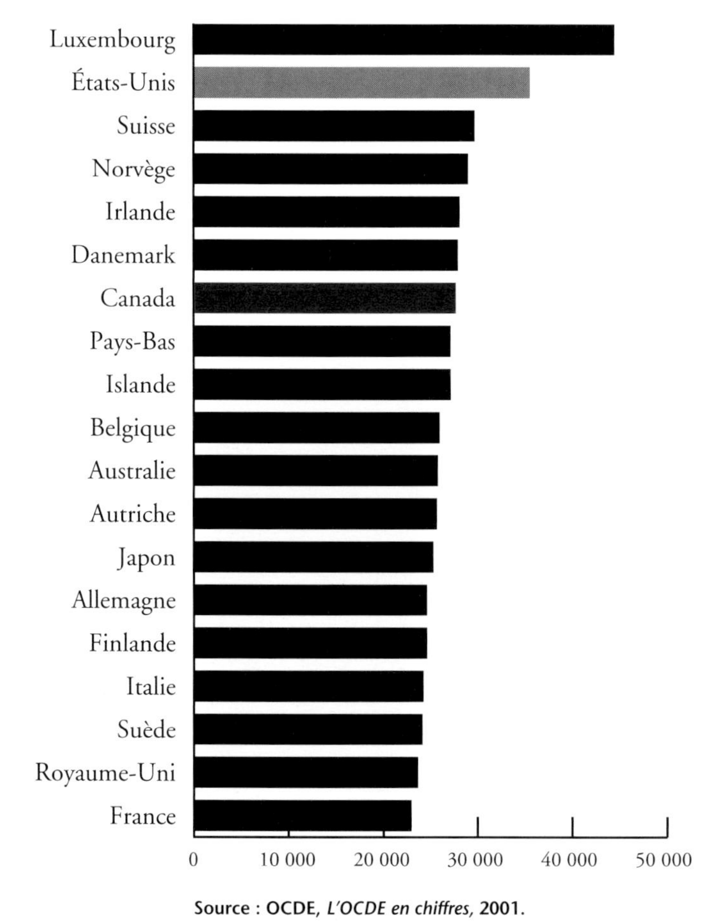

Source : OCDE, *L'OCDE en chiffres*, 2001.

Niveau de vie

Le niveau de vie du Canada est très élevé par rapport au reste du monde. Il se classe septième parmi les pays de l'Organisation de coopération et de développement économiques (OCDE) pour ce qui est des revenus réels par habitant. Seuls deux pays le dépassent largement, à savoir le Luxembourg et les États-Unis (graphique 2)[2].

2. OCDE, *L'OCDE en chiffres : Statistiques sur les pays membres*, 2001.

Toutefois, le revenu réel des Canadiens ne cesse de baisser par rapport au revenu réel des Américains depuis près de 20 ans (graphique 3). Le Canada a réussi à resserrer quelque peu l'écart en 1999 et de nouveau en 2000, ce qui donne à penser que nous faisons des progrès dans ce domaine clé. Cet important écart avec les États-Unis n'en reste pas moins cause d'inquiétude, car les États-Unis sont notre plus proche voisin, notre premier partenaire commercial et notre principal concurrent.

Nous devons commencer à resserrer l'écart entre le niveau de vie au Canada et aux États-Unis, à innover et à offrir plus de possibilités aux Canadiens. Sans cela, nous risquons d'atteindre un point où les sorties de talents et de capitaux contribueront à une baisse du niveau de vie des Canadiens.

Productivité

Les moyens d'améliorer le niveau de vie d'un pays sont limités : faire travailler plus de gens ou accroître la productivité, ou les deux à la fois. Le Canada ne peut compter sur le premier moyen en raison des pressions démographiques. Le vieillissement de la population active et le rétrécissement de la cohorte des jeunes limiteront relativement le nombre des travailleurs qui feront vivre la population canadienne à l'avenir. Nous devons donc devenir plus productifs et nous améliorer plus rapidement que les États-Unis.

L'écart entre notre niveau de vie et celui des Américains tient, pour l'essentiel, à ce que notre productivité est inférieure à la leur. La productivité canadienne, mesurée en PIB par heure de travail, est inférieure de 19 p. 100 environ à celle des États-Unis (graphique 3). La productivité canadienne s'est sensiblement

Graphique 3 Niveau de vie et productivité*

Canada par rapport aux États-Unis (É.-U. = 100)

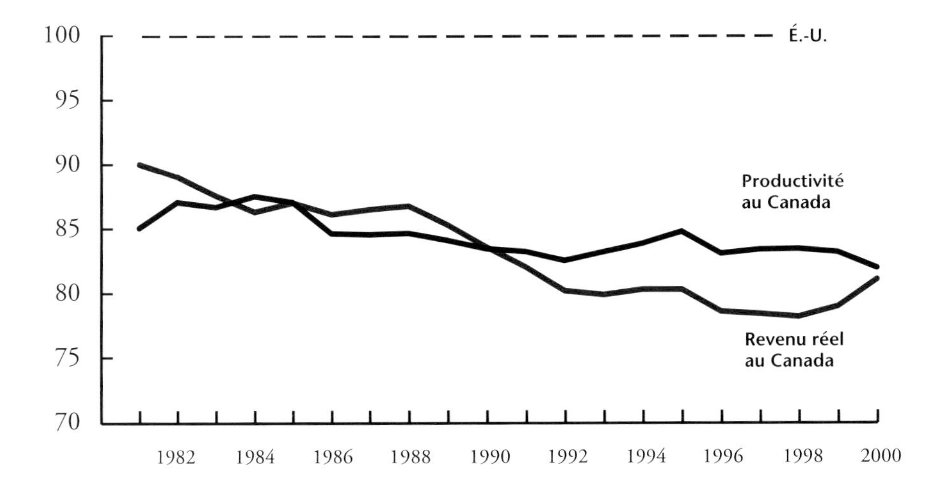

*La productivité est évaluée selon le PIB réel par heure de travail. Le revenu réel est évalué selon le PIB réel par habitant. Les montants en dollars canadiens ont été convertis en dollars américains selon la parité du pouvoir d'achat en 2000.

Source : Compilations faites à partir de données de Statistique Canada et du U.S. Bureau of Economic Analysis.

améliorée au cours des dernières années, mais l'écart avec les États-Unis s'est encore creusé parce que nous ne progressons pas aussi vite qu'eux.

Le Canada affiche une meilleure productivité que les États-Unis dans certaines industries (graphique 4). Nous obtenons d'assez bons résultats dans les secteurs du pétrole brut et du gaz naturel, dans la fabrication de métaux de première fusion, de papier et de produits connexes, dans le bois d'œuvre et le bois ainsi que dans le matériel de transport.

Le retard de productivité global du Canada sur les États-Unis tient à des différences dans la taille et la croissance de la productivité de leurs secteurs des technologies de l'information et des communications respectifs. Les États-Unis ont su mettre plus rapidement l'accent sur les industries très productives, comme celles du matériel électrique et électronique et celles des communications. Au Canada, ce sont les industries qui alimentent la croissance de la productivité, mais pas autant qu'aux États-Unis.

Graphique 4 Productivité de la main-d'œuvre*, 1999

Canada par rapport aux États-Unis (É.-U. = 100)

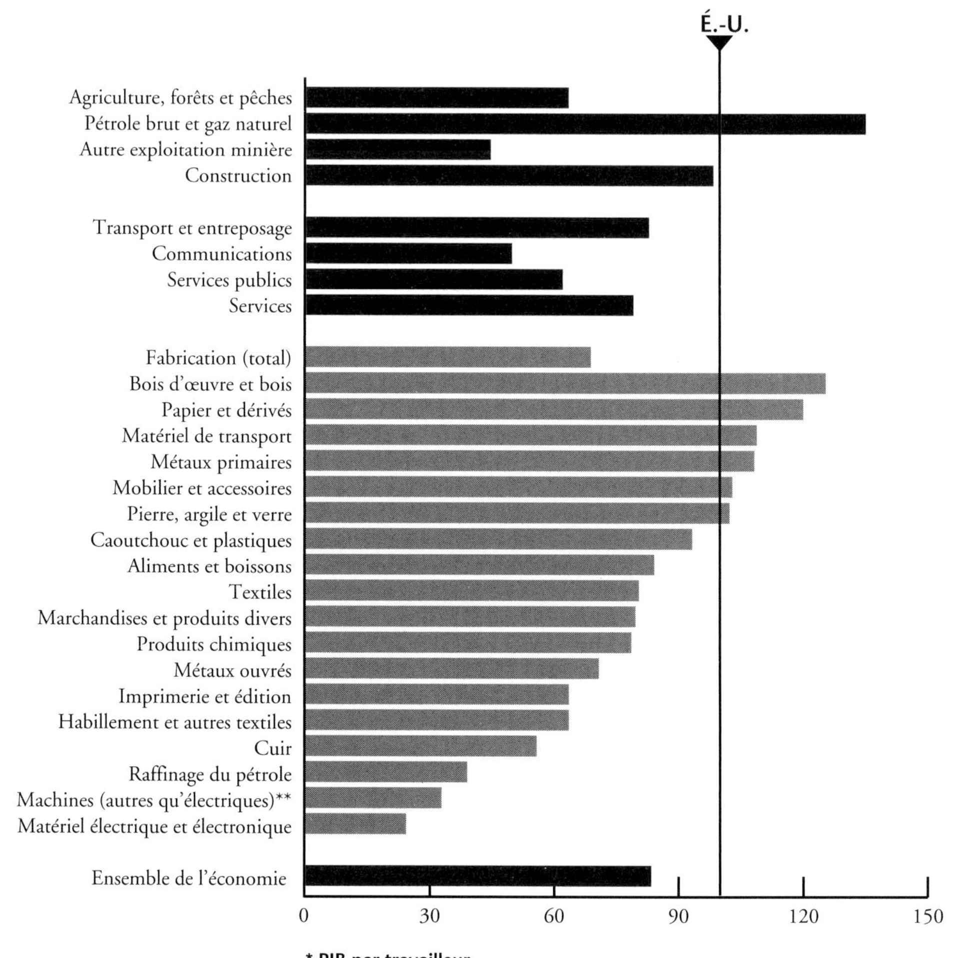

*** PIB par travailleur.**
**** Les machines comprennent les ordinateurs et le matériel de bureau.**

Source : Compilations faites par Industrie Canada à partir des données de Statistique Canada, du U.S. Bureau of Economic Analysis et de la base de données STAN de l'OCDE.

Innovation

Il est essentiel d'innover pour améliorer la productivité. Or, le Canada est parmi les plus mal classés du G-7 pour ce qui est de la capacité d'innovation (graphique 5), et il continue d'afficher ce que l'OCDE qualifiait en 1995 de retard sur le plan de l'innovation.

Le Conference Board du Canada l'a confirmé dernièrement. Dans son rapport intitulé *Rendement et potentiel, 2001-2002*, il estime que la performance du Canada en matière d'innovation est assez piètre (tableau A). Nous nous classons mal par rapport à d'autres pays pour ce qui est de divers indicateurs, y compris les dépenses de R-D en pourcentage du PIB, le nombre de demandes de brevets à l'étranger et le nombre de chercheurs par rapport à la taille de notre population active.

Graphique 5 Performance du Canada en matière d'innovation

Croissance par rapport au G-7, 1999*

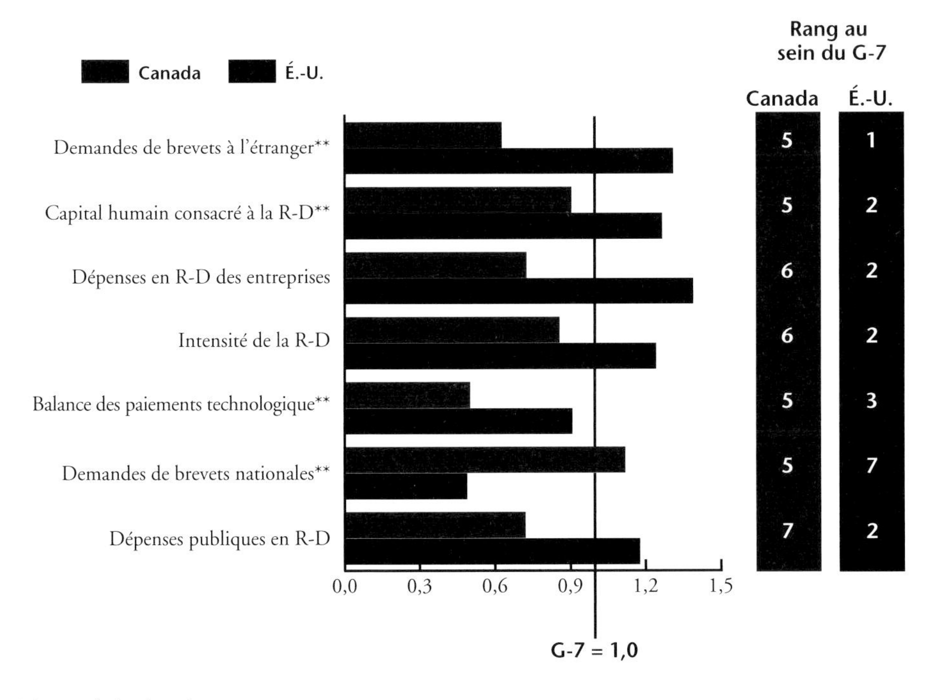

* Ou année la plus récente.
** En fonction de la taille de la population active.

Source : OCDE, *Principaux indicateurs de la science et de la technologie*, 2001 : 2.

Tableau A Performance du Canada en 2001-2002

Catégories	Performance du Canada	Premier au classement
Économie	Moyenne	**É.-U.**
Marchés du travail	Très bonne	**É.-U.**
Innovation	Piètre	**Suède**
Environnement	Piètre	**Suède**
Éducation et compétences	Moyenne	**É.-U.**
Santé et société	Moyenne	**Japon**

Source : Conference Board du Canada, *Rendement et potentiel, 2001-2002,* 2001.

Bâtir des organisations très performantes et novatrices dans les secteurs public et privé suppose l'engagement de la haute direction et de tous les employés. D'après le Conference Board, les dirigeants d'entreprise canadiens doivent mettre plus d'ardeur à innover et engager résolument leur organisation dans la voie de l'innovation.

Le Forum économique mondial estime lui aussi que la performance actuelle du Canada est faible, avec une « compétitivité actuelle » qui le classe 11e dans le monde (tableau B).

Tableau B Milieu de l'innovation au Canada
Classement du Canada et des États-Unis en 2001

	Canada	É.-U.
Compétitivité actuelle	11	2
Compétitivité en matière de croissance	3	2

Source : Forum économique mondial, *Rapport sur la compétitivité mondiale*, 2001.

Le Canada a sensiblement amélioré sa performance sur le plan de l'innovation ces dernières années, si l'on considère divers indicateurs clés (graphique 6). Il affiche le plus fort taux de croissance des pays du G-7 pour ce qui est du nombre de travailleurs en R-D, du nombre de demandes de brevet à l'étranger et des dépenses de R-D des entreprises. L'activité est particulièrement importante en ce qui concerne les brevets dans le secteur des technologies de l'information et des communications et dans celui de la biotechnologie. Les dépenses de R-D, en pourcentage du PIB, ont aussi augmenté à un rythme qui est le plus rapide des pays du G-7.

Ces gains montrent l'engagement du Canada envers l'innovation. Mais cela ne suffit pas. Le Canada est parti de très loin et ses gains, quoique impressionnants, ne suffisent pas à lui assurer une position solide en Amérique du Nord et à l'échelle internationale.

Les perspectives d'avenir du Canada sont meilleures, d'après le Forum économique mondial, qui le classe troisième au rang de la « compétitivité en matière de croissance ». Cette évaluation plus optimiste des perspectives économiques du Canada donne à penser que nous faisons les bons choix stratégiques et que les entreprises vont dans la bonne direction.

Graphique 6 Performance du Canada en matière d'innovation

Taux annuel moyen de croissance, 1981-1999*

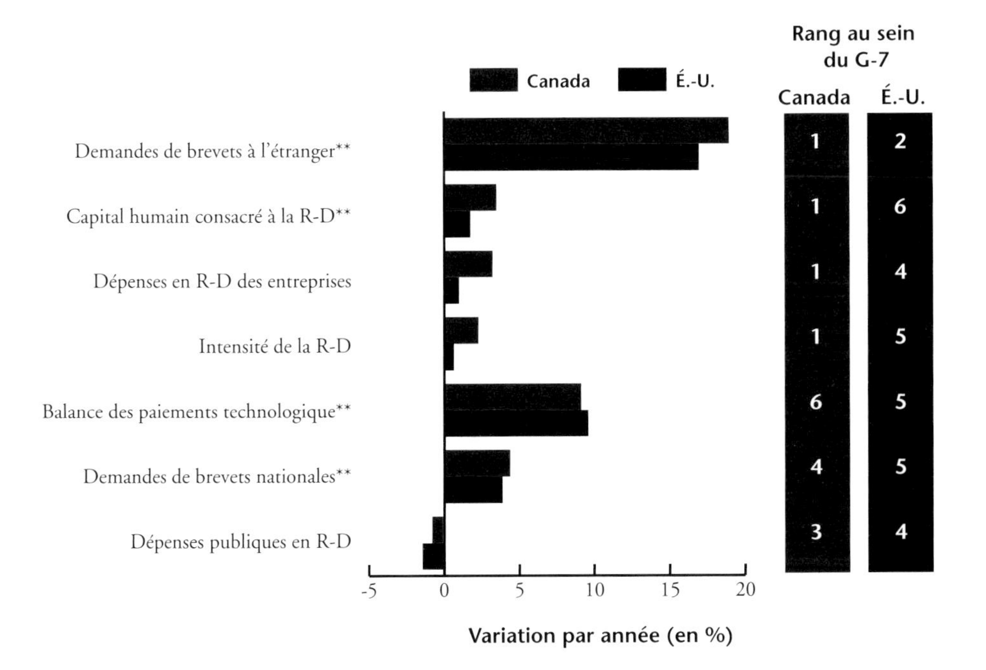

* Ou année la plus récente.
** En fonction de la taille de la population active.

Source : OCDE, *Principaux indicateurs de la science et de la technologie,* 2001 : 2.

FACTEURS QUI INFLUENT SUR LES RÉSULTATS EN MATIÈRE D'INNOVATION

Le présent document est structuré en fonction de trois grands facteurs qui exercent une influence profonde sur les résultats en matière d'innovation : la performance sur le plan du savoir, les compétences et le milieu de l'innovation. Ces éléments du système d'innovation national se réunissent au niveau communautaire. Les sections qui suivent présentent un diagnostic plus détaillé ainsi qu'un plan d'action.

La performance sur le plan du savoir

Beaucoup d'entreprises canadiennes mettent au point de nouveaux produits et en améliorent d'autres pour les marchés mondiaux. Elles investissent aussi dans de nouvelles technologies de pointe. Cependant, nous devrons investir davantage dans la R-D pour nous classer parmi les meilleurs au monde.

Les dépenses brutes du Canada en R-D s'élevaient à 21 milliards de dollars en 2001, soit 9 p. 100 de plus qu'en l'an 2000, où elles avaient déjà augmenté de 11 p. 100 par rapport à 1999[3]. Malgré ces investissements importants, le Canada ne se classe qu'au 14e rang des pays de l'OCDE pour ce qui est des dépenses brutes de R-D par rapport au PIB[4]. Cette piètre performance s'explique par de faibles niveaux de dépenses en R-D dans trois secteurs clés, à savoir les entreprises, les universités et les gouvernements. Il faut accroître les investissements dans la R-D pour générer le savoir qui alimentera l'innovation.

De plus, les entreprises canadiennes doivent former davantage d'alliances technologiques, car elles sont essentielles à l'innovation. L'industrie canadienne du capital-risque doit fournir davantage de services spécialisés aux entreprises qui présentent un potentiel de croissance rapide et puiser dans de nouvelles sources de capital.

Ces défis doivent être relevés, car il est essentiel pour la compétitivité du secteur privé de créer des connaissances et de leur trouver des applications commerciales. Les gouvernements doivent eux aussi avoir accès à une base de connaissances solide afin de protéger l'intérêt public en matière de santé et de sécurité, par exemple, et de promouvoir l'innovation en adoptant de bonnes politiques et de bons règlements.

Le défi de la performance sur le plan des connaissances : les entreprises canadiennes ne tirent pas assez d'avantages de la commercialisation du savoir, et le Canada n'investit pas assez dans la recherche-développement. (La section 5 traite plus en détail de ces questions.)

Les compétences

La population instruite et la main-d'œuvre hautement qualifiée que possède le Canada sont des atouts essentiels dans l'économie mondiale. Cependant, sa réserve de personnes hautement qualifiées est loin d'être assurée à moyen terme. Le Canada aura beaucoup de mal à devenir plus compétitif sans un bassin suffisant de personnes hautement qualifiées qui soient capables de stimuler le processus d'innovation et d'appliquer de nouvelles technologies.

Le marché du travail exigera de plus en plus de compétences. Les entreprises chercheront davantage de personnel de recherche — techniciens, spécialistes, gestionnaires — pour renforcer leur capacité novatrice et maintenir leur avantage concurrentiel. Les universités, les collèges et les laboratoires gouvernementaux ont déjà lancé une campagne de recrutement afin de remplacer les nombreux professeurs, enseignants, chercheurs et administrateurs qui atteignent l'âge de la retraite. Il y aura donc une très forte demande de main-d'œuvre qualifiée au Canada.

3. Statistique Canada, *Statistique des sciences*, nº de catalogue 88-001-XIB, vol. 25, nº 8, novembre 2001.

4. OCDE, *Principaux indicateurs de la science et de la technologie*, 2001 : 2.

Du côté de l'offre, le Canada enregistre depuis quelques années une faible croissance des taux d'inscription dans l'enseignement supérieur. De plus, il soutient mal la comparaison avec d'autres pays pour ce qui est du perfectionnement de la main-d'œuvre existante par la formation des employés. Le Canada réussit à attirer des immigrants qualifiés, mais il doit redoubler d'efforts pour en attirer de très qualifiés au cours des 10 prochaines années. S'il ne réagit pas, il sera confronté à des pénuries persistantes en ce qui concerne les compétences nécessaires pour réussir dans l'économie du savoir.

Les pénuries seront exacerbées par la concurrence des pays étrangers, car les économies les plus avancées connaissent les mêmes pressions économiques et démographiques. Si le Canada ne prend pas *dès maintenant* des mesures, il devra faire face à coup sûr à des pénuries critiques en matière de talents nécessaires à l'économie.

Le défi sur le plan des compétences : le Canada doit faire en sorte, dans les années à venir, de disposer d'une offre suffisante de personnes hautement qualifiées possédant les compétences voulues pour l'économie du savoir. (La section 6 traite plus en détail de ces questions.)

Le milieu de l'innovation

Les gouvernements doivent protéger l'intérêt public tout en encourageant et en récompensant l'innovation. Un milieu de l'innovation de tout premier ordre ne tolère aucun compromis à cet égard.

Les gouvernements s'acquittent de cette responsabilité en matière d'intendance en utilisant des instruments tels que les règlements, les codes et les normes. Or, le Canada a toujours utilisé ces instruments pour faire en sorte que ses citoyens bénéficient de l'innovation sans avoir à redouter les effets néfastes sur leur santé, leur environnement ou leur sécurité.

L'accélération des découvertes scientifiques et technologiques force cependant les gouvernements à réagir. Si leurs politiques ne permettent pas de réagir aux progrès scientifiques et technologiques, le public n'aura sans doute pas confiance dans les nouveaux produits et services, et les entreprises ne croiront sans doute pas suffisamment à la stabilité et à la prévisibilité de la conjoncture pour investir dans l'innovation, qui comporte toujours des risques.

Une bonne intendance repose sur une base de connaissances solide, sur l'accès à des compétences spécialisées et sur la volonté de penser et de former des partenariats à l'échelle mondiale. Les gouvernements doivent faire les bons choix stratégiques et les bons investissements afin de créer un milieu prévisible et efficace, responsable envers le public et digne de la confiance des investisseurs.

La politique fiscale compte parmi les principaux instruments dont disposent les gouvernements pour encourager l'investissement dans l'innovation. Or, le Canada aura bientôt l'un des régimes les plus concurrentiels du monde pour ce qui est de l'impôt sur les bénéfices des sociétés. Les allégements de l'impôt sur le revenu des particuliers contribueront aussi à attirer davantage de travailleurs hautement qualifiés.

Il ne suffit pas de créer les conditions propices à une innovation fructueuse. Il est essentiel que les investisseurs et les personnes hautement qualifiées sachent que le Canada est un bon endroit où investir et vivre. Trop souvent, ils n'y pensent pas. Leur perception est importante et il faut les informer, sans quoi le Canada risque d'être oublié dans la concurrence internationale intense qui se livre autour de l'investissement et des talents. Les gouvernements doivent relever le défi et devenir les facilitateurs de l'innovation et les promoteurs de l'image du Canada.

Le défi du milieu de l'innovation : le public risque de perdre confiance si les régimes d'intendance n'évoluent pas au rythme de l'innovation et des changements technologiques. Les entreprises risquent de perdre confiance si elles n'ont pas la certitude que la réglementation est propice à l'innovation et à l'investissement et qu'elle est reconnue comme telle. (La section 7 traite plus en détail de ces questions.)

C'est au niveau communautaire que se réunissent les éléments du système d'innovation national. L'innovation fleurit dans les filières industrielles, qui sont des centres de croissance concurrentiels à l'échelle internationale. Les gouvernements doivent reconnaître les premiers signes de l'émergence de filières et fournir le bon type d'appui au bon moment afin de réunir les conditions propices à une croissance durable. L'innovation ne devrait toutefois pas être considérée comme l'apanage des grands centres urbains. Beaucoup de collectivités possèdent des connaissances et des ressources entrepreneuriales importantes. Il se peut, cependant, qu'il leur manque les réseaux, l'infrastructure, les capitaux d'investissement et la vision commune nécessaires pour profiter pleinement de leur potentiel sur le plan de l'innovation. S'ils coordonnent leurs efforts, les gouvernements fédéral, provinciaux et territoriaux ainsi que les administrations municipales peuvent collaborer avec le secteur privé, le milieu universitaire et le secteur bénévole afin d'établir une capacité locale et de permettre aux collectivités de tout le pays de réaliser leur plein potentiel. (La section 8 traite plus en détail de ces questions.)

UN CONSENSUS CROISSANT

Les décideurs et des observateurs s'entendent sur le fait que le Canada doit relever le défi de l'innovation. Les gouvernements, les entreprises et leurs associations, les théoriciens et les établissements de recherche sont tous d'avis qu'il est essentiel d'innover davantage pour améliorer la performance économique générale du Canada.

En septembre 2001, les ministres fédéral, provinciaux et territoriaux responsables des sciences et de la technologie se sont entendus sur le fait que le Canada doit devenir un des pays les plus novateurs du monde. Ils ont reconnu que le défi est de taille et qu'il faudra conjuguer les efforts et les approches de tous les gouvernements pour le relever. Ils ont adopté des principes qui guideront les mesures prises à l'avenir pour renforcer l'innovation dans leurs domaines de compétence respectifs et ils ont convenu de se rencontrer de nouveau l'an prochain afin d'examiner les progrès enregistrés.

Le Conference Board du Canada a publié trois rapports annuels sur la performance du Canada en matière d'innovation. Ces rapports concluent que la performance du pays est faible et que cela nuit à la productivité et à la performance économique. Le Conference Board préconise une action simultanée sur le plan national et à l'échelle des entreprises. Beaucoup appuient cet appel à l'action. Autrement dit, le Canada doit renforcer son engagement à l'égard de l'innovation et les entreprises doivent améliorer leurs pratiques et leurs capacités pour stimuler l'innovation. Des associations d'entreprises telles que Manufacturiers et Exportateurs du Canada ont compris qu'il est nécessaire d'utiliser les meilleures pratiques commerciales dans la gestion du changement et de faire de l'innovation une priorité dans tous les aspects des activités des entreprises.

Les universités et les hôpitaux de recherche s'efforcent de plus en plus de trouver des partenaires dans le secteur privé afin de commercialiser les découvertes issues de leurs travaux de recherche. Entre-temps, les établissements techniques et les collèges répondent de plus en plus aux besoins du secteur privé en ce qui concerne la mise au point des produits et l'exploitation des marchés. Les établissements d'enseignement ont un rôle essentiel à jouer dans l'amélioration de la performance du Canada sur le plan de l'innovation. Ils ont reconnu qu'ils doivent eux aussi continuer de tendre vers l'excellence et de relever le défi de l'innovation.

Cette convergence d'opinion offre aux principaux partenaires une occasion unique de travailler de concert pour améliorer la performance du Canada sur le plan de l'innovation. Le consensus international grandit également en ce qui concerne l'importance de l'innovation pour le bien-être économique et social des pays (voir l'annexe B). Le Canada a donc toutes les raisons de vouloir se classer parmi les économies les plus novatrices du monde.

Principes d'action

Les gouvernements fédéral, provinciaux et territoriaux entendent contribuer à faire du Canada un des pays les plus novateurs du monde. Les ministres reconnaissent que cela demandera un effort soutenu de la part de tous les acteurs et que les diverses régions du pays auront besoin de politiques différentes pour atteindre cet objectif. Les principes suivants aideront les gouvernements à mettre en place un cadre de référence pour faire passer le Canada du 14e au 5e rang pour ce qui est de l'intensité de la recherche dans les pays industrialisés. Les gouvernements s'efforceront :

- *de créer un climat d'affaires compétitif, propice à l'innovation industrielle;*
- *de faire du système de recherche et d'innovation universitaire canadien un des meilleurs du monde;*
- *de surveiller le système d'innovation dans son ensemble, de rendre compte de son état, d'adapter leurs politiques de manière à remédier à toute insuffisance et d'encourager tous les éléments de ce système à travailler de concert.*

UN CONSENSUS NAISSANT SUR L'IMPORTANCE DE L'INNOVATION

Les gouvernements fédéral, provinciaux et territoriaux sont d'accord pour faire du Canada un des pays les plus novateurs du monde [...] Les ministres reconnaissent que les mesures pouvant être prises par les gouvernements ne suffiront pas à elles seules à atteindre cet objectif primordial et ils demandent à tous les acteurs du système de l'innovation de jouer leur rôle.

— *Principes d'action*, Réunion des ministres fédéral, provinciaux et territoriaux responsables des sciences et de la technologie, Québec, 20-21 septembre 2001

Il est temps que le Canada adopte une véritable culture de possibilités et d'innovation qui permettra aux Canadiens de mieux vivre personnellement et d'offrir une vie meilleure à leurs familles et à leurs collectivités.

— Conseil canadien des chefs d'entreprise, *Risk and Reward, Creating a Canadian Culture of Innovation*, 5 avril 2000

Compte tenu des réalités du marché d'aujourd'hui, c'est-à-dire de la concurrence internationale sans merci, de l'évolution rapide des développements technologiques, de la libre circulation de l'information, des investissements et des connaissances, les entreprises doivent plus que jamais renforcer leur capacité concurrentielle en misant sur la productivité et l'innovation.

— Manufacturiers et Exportateurs du Canada, *L'écart d'excellence enregistré par le Canada — Mesurer le rendement de l'industrie canadienne à celui des pays du G7*, 1er août 2001

Les Canadiens doivent innover davantage. Il est essentiel d'améliorer notre capacité d'innovation pour accroître la productivité et créer des richesses. Les entreprises novatrices sont plus rentables, créent plus d'emplois et s'en sortent mieux sur les marchés mondiaux.

— Conference Board du Canada, *Rendement et potentiel, 2001-2002*, 2001

Mais le secteur privé, y compris mon secteur et ma propre société, doit faire partie de la solution. Nous devons encourager l'innovation pour alimenter la croissance nécessaire pour réaliser notre objectif de niveau de vie.

— A. Charles Baillie, président-directeur général, Groupe financier Banque TD, discours au Canadian Club, Toronto, 26 février 2001

Dans les économies novatrices, une action concertée de tous les ordres de gouvernement et du secteur privé est la norme. Au Canada, les gouvernements fédéral, provinciaux et territoriaux ont tous fait de l'innovation une priorité.

La performance de toutes les régions du Canada en matière d'innovation s'est sensiblement améliorée depuis le début des années 1990[5]. Toutes les provinces ont réduit les obstacles intérieurs au commerce et ont augmenté leurs échanges commerciaux avec le reste du monde. L'Ontario se classait en tête, les échanges de biens et de services (importations plus exportations) représentant 90 p. 100 de son économie. Le Canada atlantique a enregistré la plus grande progression dans les inscriptions aux programmes d'études postsecondaires en sciences et en génie. Les Prairies ont affiché la plus forte croissance de l'investissement dans les nouvelles technologies — machines, matériel et technologies de pointe. Le Québec occupait le premier rang pour ce qui est d'attirer plus d'investissements du secteur privé dans la R-D par rapport à la taille de son économie. La Colombie-Britannique avait les taux les plus élevés de participation des adultes aux programmes d'éducation et de formation et le plus fort pourcentage d'utilisation d'ordinateurs par les ménages. Toutes les régions augmentent leur part de main-d'œuvre hautement qualifiée en pourcentage de la population active. Tous les gouvernements ont sensiblement amélioré leur situation financière, et beaucoup ont éliminé leur déficit et affichent maintenant des excédents. La réussite du passage du Canada à une économie du savoir dépend, en définitive, des progrès réalisés dans les différentes régions du pays.

Le gouvernement du Canada a également fait de l'innovation une priorité. Tôt dans son premier mandat, il a reconnu que, pour améliorer la performance du Canada sur le plan de l'innovation, il fallait agir sur plusieurs fronts.

5. Industrie Canada, *Les régions du Canada et l'économie du savoir*, 2000.

APPUI DU GOUVERNEMENT À L'INNOVATION DE 1995 À 2001

Recherche nordique

Le Mining Environment Research Group du Yukon comprend des organismes gouvernementaux, des sociétés minières, des Premières nations du Yukon et des organismes non gouvernementaux. Il encourage la recherche sur des questions relatives à l'exploitation minière et à l'environnement. Le Nunavut Research Institute, qui fait partie du Nunavut Arctic College, met l'accent sur les connaissances traditionnelles, les sciences, la recherche et la technologie. Dans les Territoires du Nord-Ouest, le Aurora Research Institute, qui a son siège à Inuvik, s'efforce d'améliorer la qualité de vie dans ces territoires en appliquant des connaissances scientifiques, technologiques et autochtones à la résolution de problèmes du Nord et au progrès économique et social.

Infrastructure du savoir

Le Research Trust Fund de la Nouvelle-Écosse, le Knowledge Development Fund de la Colombie-Britannique, le Fonds des innovations du Manitoba et l'Innovation and Science Fund de la Saskatchewan investissent dans l'infrastructure afin que leurs chercheurs aient accès à des installations et à du matériel qui leur permettront de mener des recherches scientifiques de pointe.

MILIEU DE L'INNOVATION

Le gouvernement du Canada a commencé par se concentrer sur l'amélioration de la situation afin de favoriser l'innovation en éliminant les effets de dissuasion de certaines politiques. Il a supprimé la plupart des subventions et autres interventions directes sur le marché parce que c'est la concurrence, et non la protection, qui engendre l'innovation. Il a continué de libéraliser le commerce national et international afin d'ouvrir des marchés aux Canadiens dans tout le pays et dans le monde entier. Le premier ministre et ses homologues des provinces ont dirigé des tournées d'Équipe Canada afin de promouvoir le commerce des biens et des services canadiens et, plus récemment, afin d'attirer des investissements au Canada. Les programmes sectoriels et de développement régional ont été réorientés de manière à aider le secteur privé à passer à l'économie du savoir.

Remettre de l'ordre dans les finances publiques figurait aussi parmi les grandes priorités. Le gouvernement du Canada a éliminé le déficit et il rembourse maintenant la dette publique. La dette fédérale équivalait à 52 p. 100 du PIB en 2000-2001, et elle devrait être ramenée à 47 p. 100 d'ici 2003-2004. Ces progrès sont impressionnants, étant donné qu'en 1995-1996, la dette publique représentait 71 p. 100 du PIB.

Une dette publique allégée libère des ressources qui peuvent être consacrées à des priorités sociales des Canadiens telles que les soins de santé et l'éducation. Ces investissements sont importants en eux-mêmes. Ils aident également le Canada à attirer les personnes hautement qualifiées qui sont les moteurs de l'innovation parce que les gens veulent vivre dans des collectivités propres et sans danger et bénéficier de services de qualité. De plus, une population instruite et en bonne santé attire l'investissement. Le gouvernement du Canada entend créer un « cercle vertueux » où une bonne politique économique crée les richesses nécessaires pour répondre aux priorités sociales, ce qui alimente encore l'innovation et la croissance économique.

Le taux d'inflation étant faible et stable, les taux d'intérêt le sont eux aussi. Les impôts diminuent, ce qui soulage les entreprises et les ménages canadiens. Fait remarquable, l'impôt sur le revenu des particuliers et l'impôt sur les bénéfices des sociétés, y compris l'impôt sur les gains en capital, baisseront de 100 milliards de dollars en cinq ans.

Cette combinaison de faibles taux d'intérêt et de réductions d'impôt donne à l'économie un coup de pouce qui atténuera les effets du ralentissement actuel et accélérera le retour à une croissance vigoureuse.

Le gouvernement du Canada tient également à ce que les politiques d'intendance protègent l'intérêt public dans notre monde toujours plus complexe et en constante mutation. De nouvelles politiques de marché, comme la Stratégie sur le commerce électronique, qui encourage un développement économique respectueux de la vie privée des consommateurs et tient compte d'autres préoccupations, ont été mises en place (voir la section 7). Le gouvernement a également engagé des ressources pour améliorer la réglementation de la biotechnologie, domaine qui recèle d'immenses promesses et possibilités pour les Canadiens, à condition d'en prévoir et d'en gérer les risques.

PERFORMANCE SUR LE PLAN DU SAVOIR

Après avoir amélioré les facteurs économiques, le gouvernement a pu passer à d'autres priorités. Le savoir étant essentiel pour créer des possibilités économiques et améliorer la qualité de vie, le gouvernement a lancé plusieurs initiatives complémentaires qui visaient :

- à permettre aux universités d'attirer les meilleurs chercheurs du monde;
- à mettre en place l'infrastructure nécessaire pour relier entre eux chercheurs, entrepreneurs et investisseurs, ce qui est indispensable pour passer des idées à l'action;
- à faire en sorte que les meilleures idées deviennent des biens et des services offerts sur le marché.

S'il est un facteur que nos politiques des dernières années ont en commun, c'est la reconnaissance du fait que le dynamisme de notre économie et notre qualité de vie dépendent tous deux de l'innovation. Le budget de 2000 et l'Énoncé d'octobre ont fait fond sur cet impératif par des investissements importants et à long terme dans l'infrastructure du savoir de notre pays, c'est-à-dire nos universités et nos instituts de recherche.

L'honorable Paul Martin, *Mise à jour économique*, ministère des Finances, 17 mai 2001.

Les dépenses du gouvernement en sciences et en technologie sont estimées à 7,4 milliards de dollars en 2001-2002, soit une augmentation de 25 p. 100 par rapport au maximum atteint auparavant. Il est à noter que le gouvernement investit davantage dans les trois conseils subventionnaires, afin d'appuyer la recherche dans les universités et les hôpitaux du Canada. Dans le cadre de cet effort global, les Instituts de recherche en santé du Canada ont été lancés en 2000. À cet égard, le gouvernement a réuni pour la première fois plusieurs disciplines afin de répondre aux préoccupations prioritaires des Canadiens en matière de santé. Les budgets combinés des conseils subventionnaires, qui s'élèvent à plus de 1,1 milliard de dollars par an, n'ont jamais été aussi élevés, et le budget fédéral de 2001 prévoit une enveloppe supplémentaire de 121 millions de dollars. Le budget a également annoncé une contribution de 25 millions de dollars sur cinq ans pour soutenir l'Institut canadien de recherches avancées, société sans but lucratif qui finance la recherche scientifique à long terme.

Le milieu universitaire s'est réjoui à l'annonce, dans le budget fédéral de 2001, d'un investissement ponctuel de 200 millions de dollars destiné à aider les universités et les hôpitaux de recherche à couvrir leurs frais d'administration, d'entretien et de commercialisation ainsi que d'autres coûts indirects associés à la recherche subventionnée par le gouvernement fédéral.

Le gouvernement a également lancé Génome Canada, organisme sans but lucratif qui fera du Canada un chef de file mondial dans la recherche génomique. Cinq nouveaux centres de recherche génomique réunissent des chercheurs qui viennent d'universités, d'hôpitaux de recherche, de laboratoires gouvernementaux et d'entreprises privées. Ce domaine peut aider à améliorer la santé des Canadiens de manières inimaginables il y a quelques années à peine. Le budget de 2001 comprend une contribution supplémentaire de 10 millions de dollars à la BC Cancer Foundation, afin de soutenir la recherche en cours dans le Genome Sequence Centre.

Afin de compléter les investissements dans la recherche, le gouvernement a créé la Fondation canadienne pour l'innovation (FCI) pour permettre aux universités de renouveler leur infrastructure de recherche, autrement dit leur matériel de laboratoire, leurs installations et leurs réseaux. D'ici 2005, la FCI aura engagé des capitaux de plus de 5,5 milliards de dollars, y compris les fonds investis par ses partenaires.

Initiatives provinciales complémentaires

La Heritage Foundation for Medical Research de l'Alberta appuie la recherche biomédicale et médicale dans les universités, les établissements affiliés et d'autres établissements médicaux et technologiques de la province. Le Québec a trois conseils subventionnaires pour la R-D, qui financent la recherche en santé, en sciences naturelles et en sciences humaines.

Sables bitumineux

On ne trouve de sables bitumineux, ressource de tout premier ordre, qu'au Canada. Nous continuons d'améliorer la technologie afin de mettre au point des moyens sûrs et viables sur le plan environnemental de récupérer le pétrole et de créer par là-même des dizaines de milliers d'emplois en exploitant les sables bitumineux. En collaboration avec les gouvernements, le monde universitaire et l'industrie, des chercheurs ont contribué à réduire les obstacles économiques et environnementaux à l'exploitation de cette importante ressource. Bénéficiant de nouveaux investissements de 51 milliards de dollars, les sables bitumineux constitueront la plus grande mise en valeur d'une richesse naturelle au Canada ces dix prochaines années.

Une collaboration qui a vraiment décollé

Grâce à un professeur de génie mécanique à l'Université de la Colombie-Britannique, la productivité s'envole littéralement dans une entreprise canadienne, chef de file mondial dans la conception, la fabrication et l'entretien de moteurs d'avion, de turbines à gaz et de systèmes de propulsion spatiale. En effet, le professeur a aidé l'entreprise à économiser des millions de dollars dans la fabrication de composants de turboréacteur. Il a mis au point un logiciel de contrôle adaptatif afin d'optimiser l'usinage. Le système a ainsi permis à l'entreprise de réduire les déchets et les arrêts, ce qui a entraîné une amélioration de la productivité de 50 p. 100. La technologie intéresse maintenant des fabricants du monde entier. Le professeur et l'entreprise ont bénéficié, pour leur recherche concertée, de subventions du Conseil de recherches en sciences naturelles et en génie du Canada.

Dans le cadre de l'initiative Un Canada branché, le gouvernement a appuyé la mise au point de CA*net 3 afin que les chercheurs canadiens puissent partager des données, travailler en collaboration et former des réseaux avec d'autres partenaires, au Canada comme à l'étranger. Comme il a été annoncé dans le budget de 2001, le gouvernement fournira 110 millions de dollars pour financer la construction de CA*net 4, nouvelle génération d'architecture de réseau Internet à large bande qui reliera entre eux, par l'entremise de réseaux provinciaux, tous les établissements de recherche, y compris de nombreux collèges communautaires. Pour bien innover aujourd'hui, il faut que les chercheurs aient accès à quantité d'informations et qu'ils puissent les partager rapidement et sans problème. CA*net 4 accélérera les applications de réseau de la prochaine génération en facilitant la recherche médicale et génétique et la recherche environnementale, et en permettant des simulations complexes. Les investissements consentis dans CA*net 4 aideront également à faire connaître le Canada comme un chef de file international dans la technologie des réseaux.

Le gouvernement du Canada encourage également la recherche et, donc, la mise au point d'innovations qui revêtent une importance stratégique pour le pays. Partenariat technologique Canada a été créé afin de partager avec le secteur privé les risques inhérents à la mise au point de technologies stratégiques qui constituent des premières mondiales et ce, dans des domaines prioritaires, à savoir les technologies habilitantes, l'environnement et l'aérospatiale.

Le développement durable fait partie intégrante des objectifs de l'innovation. Le gouvernement a créé le Fonds d'appui technologique au développement durable et le Fonds d'action pour le changement climatique afin de trouver des solutions au réchauffement de la planète et à d'autres problèmes environnementaux. Ces fonds appuient des recherches conduisant à la mise au point de nouvelles technologies qui aideront à améliorer la qualité de l'air, de l'eau et des sols au Canada. Le gouvernement a aussi lancé la Fondation canadienne pour les sciences du climat et de l'atmosphère afin de favoriser la recherche scientifique sur le système climatique, et des indicateurs environnementaux sont élaborés afin de suivre l'évolution de l'état de l'environnement. De plus, le gouvernement a appuyé des initiatives sectorielles complémentaires, dont le Programme de recherche et de développement énergétiques, qui contribue à assurer l'avenir énergétique durable du Canada, et les Mesures d'action précoce en matière de technologie qui appuient des projets technologiques visant à réduire les émissions de gaz à effet de serre.

Le gouvernement entend rapprocher chercheurs universitaires et entreprises afin que les meilleures idées puissent être commercialisées. Le programme des Réseaux de centres d'excellence, qui appuie la recherche concertée dans des domaines prioritaires, est devenu permanent. Ces réseaux relient entre eux des chercheurs de diverses disciplines travaillant dans des établissements d'enseignement, au gouvernement et dans le secteur privé et ce, dans tout le pays. C'est souvent à la croisée de leurs domaines que se dessinent les innovations les plus importantes. Ce programme intéresse le monde entier.

Le gouvernement entend également faire en sorte d'avoir accès à la R-D dont il a besoin pour prendre des décisions judicieuses en matière d'intendance tout en stimulant le développement économique. Dans le budget fédéral de 1999, 65 millions de dollars étaient affectés à la modernisation et au renforcement du système fédéral d'assurance de la salubrité des aliments, 42 millions de dollars allaient à l'amélioration de la gestion et du contrôle des substances toxiques dans l'environnement, les aliments et l'eau potable, 55 millions de dollars sur trois ans devaient servir à financer la recherche biotechnologique dans les ministères et organismes fédéraux, et 60 millions de dollars sur cinq ans étaient alloués à l'initiative GéoConnexions, qui facilite l'accès à des données géographiques.

Initiatives provinciales complémentaires

Beaucoup de provinces facilitent la commercialisation de découvertes. Le Centre de recherche industrielle du Québec répond aux besoins de l'industrie et contribue au transfert de compétences et de savoir-faire au secteur manufacturier. Le Life Sciences Industry Partnership de la Nouvelle-Écosse facilite le repérage et l'exploitation de possibilités dans l'industrie des sciences de la vie. L'Ontario a ouvert des Centres de commercialisation de la biotechnologie à Ottawa, à London et à Toronto. À l'Île-du-Prince-Édouard, le centre de technologie de l'Atlantique favorisera la création de nouveaux partenariats afin d'encourager des projets novateurs de recherche appliquée et de développement.

Le Programme d'aide à la recherche industrielle offre une assistance technique et financière aux petites et moyennes entreprises du Canada afin de les aider à mettre au point et à adopter de nouvelles technologies. Parallèlement, le rôle de la Banque de développement du Canada a été réorienté de manière qu'elle finance les nouveaux besoins d'entreprises du savoir. Non seulement la Banque offre des services financiers, mais en plus, elle a constitué un réseau de mentorat afin d'aider les entreprises à acquérir ou à améliorer des compétences essentielles à la continuité de leur succès.

S'assurer que toutes les régions et toutes les collectivités du Canada sont capables de passer à une économie du savoir est une autre grande priorité. Le gouvernement du Canada a créé le Fonds d'innovation de l'Atlantique afin de renforcer les capacités des provinces de l'Atlantique de créer, d'adopter et de commercialiser des connaissances. Le Fonds appuiera des partenariats et des alliances entre des entreprises, des universités, des établissements de recherche et d'autres organisations dans le Canada atlantique.

Avec des établissements de recherche, des centres et des programmes de recherche dans toutes les régions du pays, le Conseil national de recherches du Canada (CNRC) contribue beaucoup à la formation de filières de recherche et aux activités de commercialisation. Le budget de 2001 prévoit une enveloppe supplémentaire de 110 millions de dollars sur trois ans afin d'aider le CNRC à élargir son initiative relative à l'innovation au-delà du Canada atlantique.

LES COMPÉTENCES

En 1998, le gouvernement du Canada a élargi sa stratégie afin d'encourager la formation de personnes hautement qualifiées.

Le programme des chaires de recherche du Canada a été lancé pour aider les universités canadiennes et les hôpitaux de recherche à attirer et à retenir des universitaires très talentueux du monde entier. Le budget de 2000 prévoyait 900 millions de dollars sur cinq ans pour créer 2 000 nouvelles chaires de recherche. Grâce à ce programme, le gouvernement du Canada a beaucoup aidé les universités et les hôpitaux affiliés canadiens à réaliser leur plein potentiel sur le plan de la recherche. Ils ont maintenant les ressources nécessaires pour attirer et retenir les plus grands talents, qui ont accès au financement et à l'infrastructure leur permettant de mener des travaux d'avant-garde.

Le gouvernement du Canada a lancé les Bourses d'études canadiennes du millénaire afin que plus de Canadiens puissent faire des études postsecondaires, les Subventions canadiennes pour études afin d'aider les étudiants ayant des personnes à charge ou une incapacité, et la Subvention

Collectivité ingénieuse

En partenariat avec les gouvernements et le secteur privé, la Première nation Keewaytinook Okimakanak de l'Ontario a mis en place un service d'information et de technologie qui s'appuie sur un réseau à large bande à haute vitesse. Ce réseau rapporte des avantages économiques et sociaux à sept collectivités. Il offre un nouveau réseau téléphonique avec des produits de télécommunications courants, comme le courrier électronique, des services Internet et des vidéoconférences. Plus important encore, ce réseau permet de suivre des cours à distance, de bénéficier de la télémédecine et de faire de la production multimédia.

canadienne pour l'épargne-études qui permet aux parents d'épargner pour les études de leurs enfants. Des mesures fiscales visant à aider les Canadiens à financer leurs besoins en matière d'éducation ont également été prises.

Les compétences relatives à Internet et à l'informatique sont tout aussi essentielles pour réussir dans l'économie du savoir que le simple fait de savoir lire et écrire. Pour profiter des nombreux avantages socioéconomiques potentiels de l'innovation, il est primordial que tous les Canadiens et les entreprises aient accès à Internet et aux compétences nécessaires pour l'utiliser. Par conséquent, un des volets de l'initiative Un Canada branché vise à améliorer l'accès des collectivités autochtones et rurales ainsi que des personnes handicapées aux avantages socioéconomiques qui découlent d'Internet.

Le Canada est maintenant reconnu comme étant un chef de file mondial en matière de connectivité grâce à des programmes tels que Rescol, le Programme d'accès communautaire et les Collectivités ingénieuses. Cependant, le rythme des changements s'accélère encore et le Canada doit continuer de développer et de renforcer son infrastructure de l'information. Comme l'annonçait le discours du Trône de 2001, le gouvernement travaillera donc en collaboration avec l'industrie canadienne, les provinces et les territoires, les collectivités et le public afin de trouver des solutions pour que le secteur privé élargisse la couverture Internet à large bande au Canada, notamment dans les régions rurales et éloignées.

UN BON COMMENCEMENT

Le gouvernement du Canada est convaincu d'avoir choisi la bonne méthode pour améliorer la performance du Canada sur le plan de l'innovation. Des fondations solides ont été jetées en se concentrant systématiquement sur tous les éléments de l'innovation. De plus, les investissements consentis dans un domaine du système d'innovation en renforcent souvent un autre. Il faudra cependant du temps pour que ces investissements rapportent, mais le gouvernement est convaincu qu'ils porteront leurs fruits. Toutefois, l'innovation est une course sans cesse recommencée, car d'autres pays continuent d'investir dans leur capacité d'innover. Le gouvernement du Canada fera sa part en continuant d'investir dans des domaines prioritaires.

Pour relever les défis et devenir un chef de file en innovation, le Canada doit adopter un plan collectif, coordonné et dynamique. Le gouvernement du Canada travaillera en collaboration avec les provinces et les territoires, les entreprises et les universités, entre autres, afin d'élaborer une stratégie nationale de l'innovation pour le XXIe siècle. Comme l'annonçait le discours du Trône de 2001, l'objectif global devrait être de faire en sorte que le Canada soit reconnu comme étant l'un des pays les plus novateurs du monde.

Des buts clairs, partagés et à long terme (par ex., en ce qui concerne la performance en R-D, l'intendance et le perfectionnement des compétences) doivent occuper une place essentielle dans la stratégie. Le gouvernement du Canada entend aussi élaborer une stratégie de l'innovation qui débouchera sur des résultats quantifiables. En surveillant les résultats obtenus et en rendant compte de ceux-ci, il sera possible de suivre la performance, d'apporter des corrections ponctuelles et d'améliorer la reddition de comptes.

Afin de lancer l'élaboration d'une stratégie nationale de l'innovation, le reste du présent document explique dans plus de détails le défi que le Canada doit relever en matière d'innovation. Il propose également des objectifs, des cibles ainsi que des priorités fédérales dans les trois grands domaines suivants.

UNE STRATÉGIE D'INNOVATION POUR LE XXIe SIÈCLE

Image NASA courtoisie l'Agence spatiale canadienne, www.espace.gc.ca

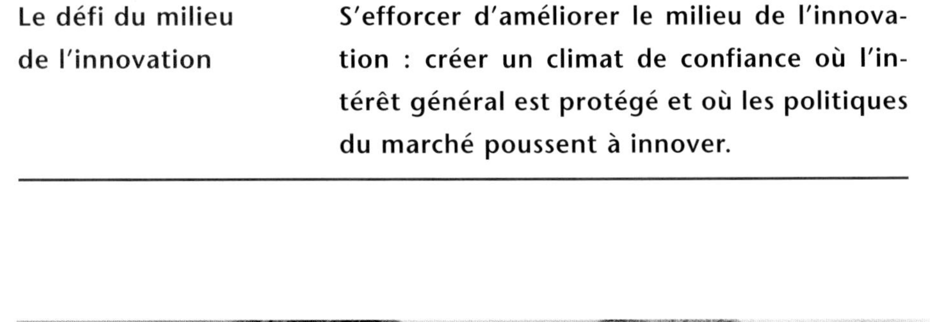

Le défi de la performance sur le plan du savoir	**Créer et utiliser des connaissances de façon stratégique au profit des Canadiens : encourager la création, l'adoption et la commercialisation des connaissances.**
Le défi sur le plan des compétences	**Élargir le bassin de personnes hautement qualifiées : continuer à alimenter le bassin de personnes capables de créer et d'utiliser des connaissances.**
Le défi du milieu de l'innovation	**S'efforcer d'améliorer le milieu de l'innovation : créer un climat de confiance où l'intérêt général est protégé et où les politiques du marché poussent à innover.**

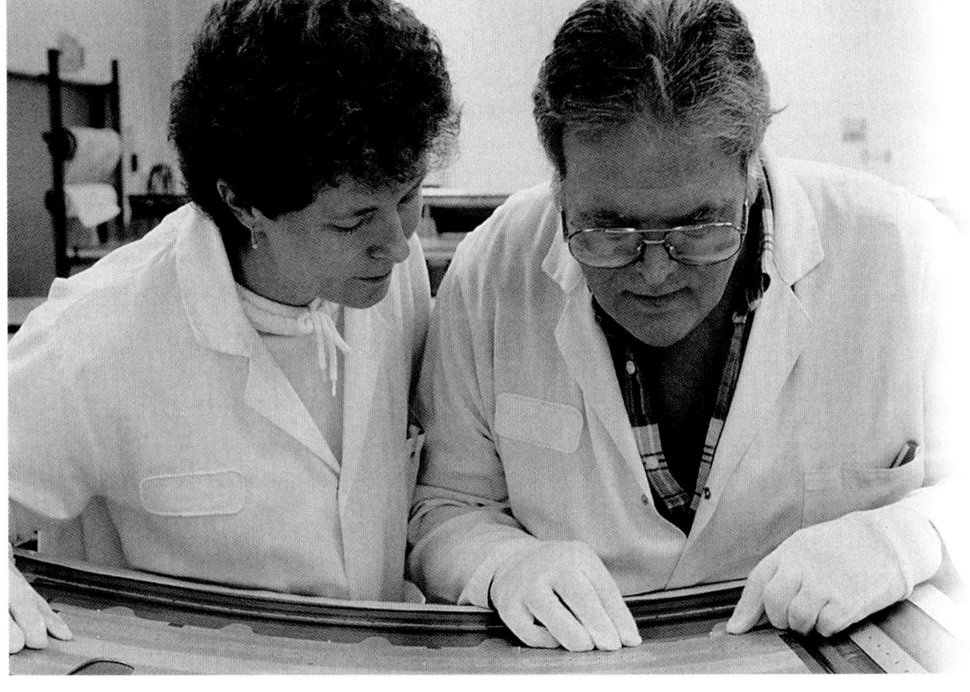

Pour devenir un des pays les plus novateurs du monde, le Canada doit gérer le savoir comme un bien stratégique national. Nous devons pouvoir transformer nos meilleures idées en de nouvelles possibilités pour les marchés mondiaux. Dans une économie mondiale où le Canada contribue de façon importante, quoique modeste, au bassin de connaissances total, nous devons aussi pouvoir utiliser le savoir et la technologie mis au point dans le monde.

Beaucoup d'entreprises canadiennes mettent au point et commercialisent avec succès sur les marchés mondiaux des produits et des services nouveaux ou sensiblement améliorés. Beaucoup d'autres adoptent des innovations, qu'il s'agisse de nouvelles technologies ou de pratiques commerciales améliorées, qui représentent le *nec plus ultra* sur les marchés internationaux. Le Canada doit célébrer ses réussites, pour créer une culture qui accorde de la valeur à l'innovation et qui appuie les innovateurs.

Les investissements canadiens dans les machines et le matériel, en pourcentage du PIB, sont maintenant parmi les plus élevés de l'OCDE. Les gouvernements rivalisent de mesures pour attirer des investissements dans la R-D, et le Canada offre des mesures d'incitation fiscales à la R-D parmi les plus favorables de l'OCDE. Le secteur privé augmente ses investissements dans la R-D plus rapidement que tout autre pays du G-7, et le nombre de personnes affectées à la R-D au Canada a augmenté plus vite que nulle part ailleurs dans le G-7 au cours des 20 dernières années. Les entreprises canadiennes embauchent de plus en plus de ces travailleurs, ce qui démontre une volonté croissante d'innover. Le secteur canadien du matériel de communication et celui des services font beaucoup de R-D, comparé aux mêmes secteurs dans les autres pays de l'OCDE. L'intensité de la R-D au Canada et le nombre de demandes de

LE DÉFI DE LA PERFORMANCE SUR LE PLAN DU SAVOIR

brevets déposées à l'étranger augmentent plus vite qu'ailleurs dans le G-7. Les entreprises canadiennes comptent également plus que leurs concurrentes du G-7 sur les universités comme sources d'innovations importantes issues de la recherche.

Le Canada a beaucoup progressé ces dernières années, mais pas suffisamment pour rattraper son important retard sur d'autres pays selon divers indicateurs de l'innovation. Le secteur privé canadien doit faire preuve de plus de dynamisme pour renforcer sa capacité de commercialiser et d'adopter des technologies afin de rester concurrentiel. Pour cela, il devra investir plus dans la R-D, former plus d'alliances stratégiques et avoir plus facilement accès au capital-risque.

En 1991, le Canada a choisi la voie familière et confortable de l'imitation, de l'analyse comparative et de l'amélioration opérationnelle. En l'an 2000, le pays doit choisir l'autre voie, celle de l'innovation, et une stratégie audacieuse [...] Les entreprises canadiennes doivent comprendre qu'en se cantonnant au marché canadien, elles finiront par se détruire. Elles doivent décider de se lancer sur les marchés mondiaux et d'y livrer concurrence en proposant des produits et des procédés uniques. Cette voie sera très inquiétante, voire effrayante parfois, mais il est nécessaire de s'y engager pour que le Canada prospère et cesse de perdre du terrain par rapport aux autres pays de pointe.

Roger L. Martin et Michael E. Porter, *Canadian Competitiveness; Nine Years after the Crossroads*, Toronto, Rotman School of Business, janvier 2000.

L'INNOVATION DANS LE SECTEUR PRIVÉ

La commercialisation

Tout au long des années 1990, beaucoup d'entreprises canadiennes ont réagi à la mondialisation en restructurant leurs activités et en mettant l'accent sur la réduction des coûts[6]. Cet ajustement a été facilité par la dépréciation du dollar canadien par rapport à la monnaie de notre principal concurrent, les États-Unis. Cependant, la compétitivité des coûts ne suffit pas pour se positionner sur un marché mondial où la concurrence repose de plus en plus sur la qualité plutôt que sur les prix. Pour réussir, les entreprises doivent appliquer et commercialiser des connaissances, afin d'innover et d'être les premières à mettre en marché de meilleurs produits et procédés.

Beaucoup d'entreprises, petites et grandes, considèrent l'innovation comme la *seule* façon de rester dans la course, de répondre aux nouveaux besoins des clients, d'augmenter les marges bénéficiaires et d'accroître la productivité. Ces dernières années, au moins 80 p. 100 des fabricants canadiens ont introduit avec succès sur le marché des produits ou des procédés nouveaux ou nettement améliorés (graphique 7). Quelque 26 p. 100 des entreprises manufacturières canadiennes ont été des innovateurs originaux, c'est-à-dire qu'ils ont introduit des innovations entièrement nouvelles au Canada ou, dans certains cas, dans le monde. Ces innovateurs présentent certaines caractéristiques communes. Il s'agit généralement de grandes entreprises du secteur de la haute technologie, qui font de la R-D et protègent leur propriété intellectuelle.

6. C. Kwan, « Enquête sur la restructuration des entreprises au Canada », *Revue de la Banque du Canada*, été 2000, p. 17-30.

Graphique 7 Innovation dans les entreprises manufacturières

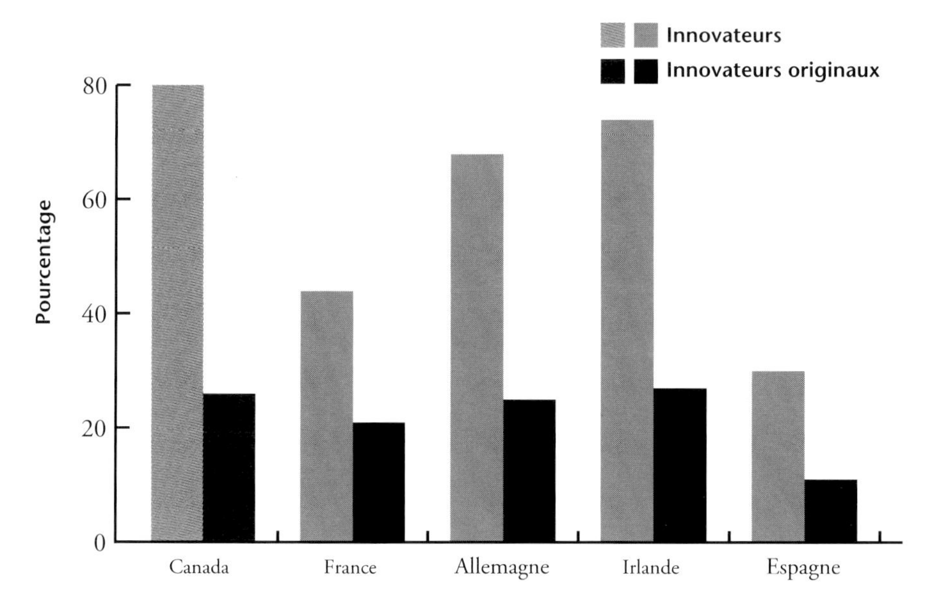

Source : Mohnen et Therrien, *How Innovative are Canadian Firms Compared to Some European Firms? A Comparative Look at Innovation Surveys,* MERIT Research Memorandum, 2001-033, Maastricht, 2001.

De prime abord, les entreprises manufacturières canadiennes semblent plus novatrices que leurs concurrentes dans certains pays européens pour lesquels il existe des données comparables. Mais la valeur d'une innovation sur le marché est ce qui compte pour une entreprise. Les entreprises allemandes, espagnoles et irlandaises vendent nettement mieux leurs innovations (graphique 8). Les entreprises canadiennes sont plus lentes à tirer profit des retombées économiques de leurs innovations, ce que confirme le Conference Board du Canada. Ainsi, on lit dans son premier rapport annuel sur l'innovation, véritable défi lancé au secteur privé :

« La plupart des grandes entreprises canadiennes innovent d'une manière ou d'une autre, mais il reste encore beaucoup à faire. Seules les deux tiers d'entre elles innovent dans tous les domaines et environ la moitié seulement utilisent tous les intrants clés pour innover sur le plan technologique. En outre, les grandes entreprises canadiennes semblent peu innover en ce qui concerne les produits, étant donné la réduction du cycle de vie des produits et le nombre croissant de nouveaux produits et services mis sur le marché par des concurrents. Le rapport ne porte pas sur les PME, mais il semble que la situation est encore pire dans leur cas. »

Graphique 8 Part des ventes de produits nouveaux ou améliorés

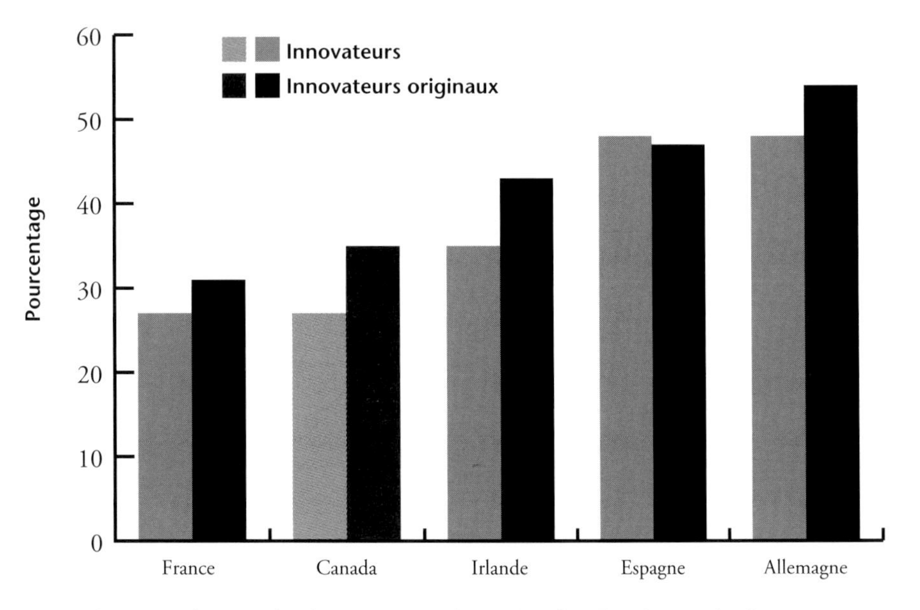

Source : Mohnen et Therrien, *How Innovative are Canadian Firms Compared to Some European Firms? A Comparative Look at Innovation Surveys,* MERIT Research Memorandum, 2001-033, Maastricht, 2001.

Adopter des innovations

Les entreprises canadiennes investissent beaucoup dans les machines et le matériel. Ces 10 dernières années, les investissements canadiens en la matière sont passés, en pourcentage du PIB, d'un des niveaux les plus bas à un des niveaux les plus élevés des pays de l'OCDE[7]. Cela est important parce que l'adoption de nouvelles technologies permet aux entreprises canadiennes de devenir plus productives et plus concurrentielles. En outre, de nouvelles machines et un nouveau matériel jouent souvent un rôle clé dans des stratégies plus générales visant à mettre au point ou à améliorer sensiblement des produits pour les marchés mondiaux.

Les entreprises novatrices ne se contentent pas d'adopter de nouvelles technologies, elles adoptent des technologies d'avant-garde. Presque tous les grands fabricants canadiens utilisent plus de cinq technologies de pointe (graphique 9). Fait encore plus encourageant, 24 p. 100 des directeurs d'usine

7. Conference Board du Canada, *Investing in Innovation: 3rd Annual Innovation Report*, 2001.

Graphique 9 Entreprises manufacturières canadiennes utilisant plus de cinq technologies de pointe

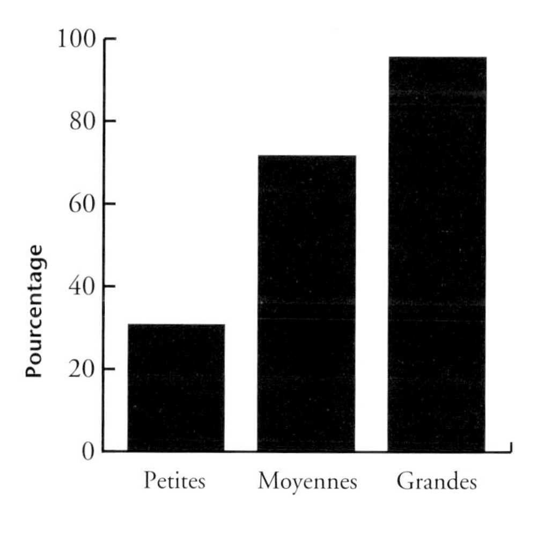

Source : Statistique Canada, calculs spéciaux pour Industrie Canada fondés sur l'*Enquête sur les technologies de pointe dans l'industrie canadienne de la fabrication,* 1998.

Graphique 10 Ventes par commerce électronique en pourcentage de l'ensemble des ventes, 2000

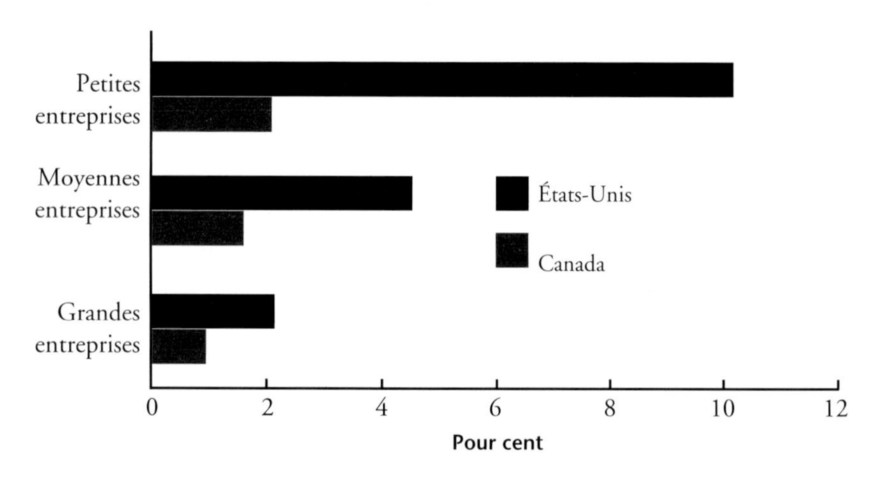

Source : IDC Canada pour la Table ronde sur les possibilités d'affaires électroniques canadiennes, *Comparaison Canada/É.-U.*, juin 2001.

interrogés croient utiliser des technologies plus avancées que leurs concurrents américains, tandis que 33 p. 100 estiment utiliser des technologies semblables. Dans l'ensemble, cependant, il semble que les petites entreprises canadiennes accusent un retard considérable sur les entreprises de propriété étrangère pour ce qui est de l'utilisation des technologies de pointe.

De plus, les entreprises canadiennes de toute taille accusent beaucoup de retard sur leurs concurrentes américaines pour ce qui est d'adopter les technologies et de mettre en œuvre les pratiques commerciales novatrices nécessaires pour profiter des possibilités offertes par le marché du commerce électronique. Les investissements canadiens dans les technologies de l'information et des communications (par employé) sont nettement inférieurs aux investissements américains, et l'écart se creuse. Ceci limite notamment la capacité du Canada de réaliser des ventes sur le marché électronique (graphique 10).

Les technologies de l'information et des communications et Internet révolutionnent le mode de fonctionnement des entreprises. Leur incidence est évidente, si l'on considère la croissance explosive du commerce électronique inter-entreprises dans des domaines comme les achats, les ventes directes, la gestion des stocks, le marketing et la mise au point des produits. De plus en plus, les clients, les partenaires, les fournisseurs et les employés d'une entreprise communiquent entre eux par Internet et échangent en temps réel des connaissances et des renseignements d'une importance primordiale. Des décisions et des processus qui demandaient auparavant des jours ne prennent que quelques secondes, ce qui entraîne pour toute l'organisation et pour ses partenaires de nouveaux gains en efficacité et en productivité et plus d'innovations. Les entreprises qui ne tirent pas pleinement avantage de ces nouvelles technologies importantes subiront de graves conséquences sur le plan de la concurrence.

FACTEURS QUI INFLUENT SUR L'APPLICATION COMMERCIALE DU SAVOIR

Trois facteurs influent considérablement sur la capacité d'innovation du secteur privé, à savoir la R-D, les alliances stratégiques et l'accès au capital-risque.

La recherche-développement

Secteur privé

Le secteur privé réalise 57 p. 100 environ de la R-D canadienne[8]. Beaucoup d'entreprises partout au Canada font de la R-D, et elles bénéficient de crédits d'impôt à la R-D parmi les plus généreux du monde. Le secteur privé a augmenté ses investissements dans la R-D à un rythme plus rapide que les entreprises de tout autre pays du G-7. La proportion de travailleurs de la R-D employés dans l'industrie a elle aussi sensiblement augmenté au Canada.

Le secteur des services figure parmi les secteurs canadiens qui font beaucoup de R-D. En fait, le Canada lui doit 27 p. 100 environ de l'activité de R-D de toutes les entreprises, soit nettement plus que la moyenne de l'OCDE, qui est de 17 p. 100. L'industrie canadienne du matériel de communication constitue un autre point fort. Elle investit davantage dans la R-D, en proportion de ses ventes, que ses concurrents des autres pays membres de l'OCDE[9].

Cependant, le secteur privé canadien continue d'accuser un retard sur ses concurrents des autres grands pays de l'OCDE sur le plan de la R-D. Le Canada se classe au 13e rang pour ce qui est des dépenses des entreprises exprimées en pourcentage du PIB, ce qui est nettement inférieur aux niveaux concurrentiels à l'échelle internationale[10]. Dans une certaine mesure, cela reflète la présence, dans le secteur manufacturier canadien, de plus d'entreprises sous contrôle étranger (qui ont tendance à dépenser plus dans la R-D dans leur propre pays) et de moins d'entreprises de haute technologie (qui tendent à dépenser plus dans la R-D), ainsi que la prédominance des PME (qui ont moins de ressources à consacrer à la R-D)[11].

En outre, les dépenses en R-D du secteur privé au Canada sont très concentrées. En effet, quatre entreprises représentent à elles seules 30 p. 100 des dépenses que le secteur privé consacre à la recherche[12] et un seul secteur, celui des technologies de l'information et des communications, en représente 44 p. 100[13].

La soie d'araignée

Une entreprise canadienne a produit la soie d'araignée artificielle la plus réaliste existant à ce jour. La fibre, qui est extraite d'un lait de chèvre génétiquement modifié avec des gènes d'araignée, est assez résistante pour protéger un vaisseau spatial des débris qui flottent dans l'espace et assez fine pour être utilisée en médecine pour les sutures.

Nutrition marine

Une entreprise canadienne de nutrition marine située en Nouvelle-Écosse est un chef de file mondial dans la recherche et la production de produits marins nutritifs et de santé naturels (suppléments diététiques et neutraceutiques). L'entreprise, qui emploie plus de 30 chercheurs, exploite le plus grand établissement privé de recherche sur les produits marins naturels d'Amérique du Nord. Elle a également découvert et mis au point les éléments nutritifs efficaces, stables et assimilables qui sont essentiels aux cellules humaines saines et réduisent le risque de troubles cérébraux. Tous ces produits de grande qualité respectent les normes relatives aux bonnes pratiques de fabrication.

8. OCDE, *Principaux indicateurs de la science et de la technologie*, 2001 : 2.
9. OCDE, *Perspectives pour la science, la technologie et l'industrie*, 2001.
10. OCDE, *Principaux indicateurs de la science et de la technologie*, 2001 : 2.
11. Jianmin Tang et Someshwar Rao, *Propension à la R-D et productivité dans les entreprises sous contrôle étranger au Canada*, Industrie Canada, Document de travail nº 33, mars 2001, et Conference Board du Canada, *Building the Future: 1st Annual Innovation Report*, 1999.
12. Industrie Canada, Estimations fondées sur des données non publiées de Statistique Canada (88-202-XIB), 2000.
13. OCDE, *Perspectives pour la science, la technologie et l'industrie*, 2001.

Dans l'économie mondiale du savoir, les entreprises qui investissent beaucoup dans la R-D ont plus de chances de prospérer. Elles sont mieux à même de soutenir la concurrence d'autres entreprises sur les marchés mondiaux en offrant à leurs clients des produits et des services nouveaux ou sensiblement améliorés. Celles qui continuent d'offrir les mêmes biens et services sont obligées, dans une large mesure, de livrer une concurrence sur les coûts et elles doivent affronter de plus en plus de concurrents internationaux dont les coûts de revient sont plus faibles. La R-D devrait être considérée comme un investissement dans l'avenir de l'entreprise plutôt que comme un coût inévitable en affaires.

Universités

Les universités effectuent 31 p. 100 de la R-D canadienne[14], ce qui est beaucoup, comparé à ce qui se passe dans d'autres pays.

Les universités sont donc des acteurs clés du système d'innovation au Canada. Elles forment une main-d'œuvre hautement qualifiée et font des recherches qui alimenteront la compétitivité du Canada à long terme. Elles collaborent avec les entreprises canadiennes afin de mettre au point de nouvelles technologies et elles représentent une source importante de nouvelles entreprises dérivées.

Les universités contribuent nettement à stimuler l'innovation dans tous les pays, mais leurs liens avec le secteur privé en font des acteurs particulièrement importants au Canada. En effet, les entreprises canadiennes confient à des universités le soin de faire plus de 6 p. 100 de leur R-D, soit plus que leurs concurrents des autres pays du G-7 (graphique 11). Ces relations solides

14. OCDE, *Principaux indicateurs de la science et de la technologie*, 2001 : 2.

Graphique 11 Part de la R-D universitaire financée par l'industrie, 2000*

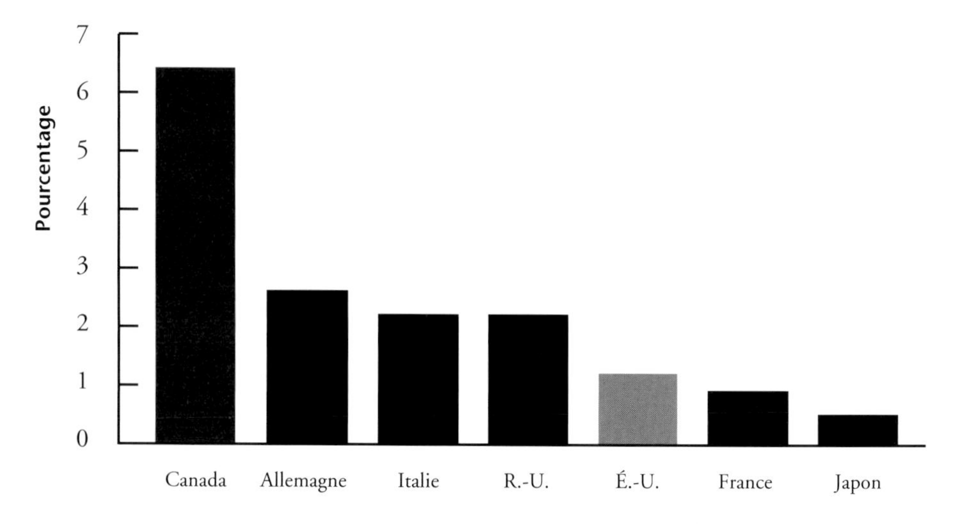

* Canada (2000), France (1999), Allemagne (1999), Italie (1998), Japon (1998), R.-U. (1998), É.-U. (1999).

Source : OCDE, *Statistiques de base de la science et de la technologie*, 2000.

La maison R-2000

La première maison éconergétique et rentable d'Amérique du Nord, la R-2000, est un effort conjoint de l'Université de la Saskatchewan et de Ressources naturelles Canada. En effet, un professeur de génie mécanique a mis au point le premier ventilateur-récupérateur de chaleur. Le système récupère l'énergie de l'air vicié et l'utilise pour réchauffer l'air frais qui entre dans la maison, d'où une amélioration de la qualité de l'air. Le système est particulièrement bénéfique pour les personnes qui souffrent d'asthme ou d'allergies. Le Conseil de recherches en sciences naturelles et en génie du Canada a soutenu les travaux du professeur depuis le début de sa carrière.

entre les entreprises et les universités canadiennes montrent que le secteur privé a besoin d'accéder aux connaissances scientifiques qui lui font défaut pour rester concurrentiel et que les universités souhaitent diffuser leur savoir d'une manière qui sera bénéfique aux Canadiens sur les plans économique et social.

La plupart des pays pensent que leur potentiel en matière d'innovation est renforcé s'ils financent de façon soutenue la recherche universitaire, et le Canada ne fait pas exception à la règle. Le gouvernement du Canada investit beaucoup dans la recherche universitaire depuis quelques années et il entend aider les universités à développer leur plein potentiel.

La recherche universitaire est essentielle à la formation de la prochaine génération de chercheurs et de personnes hautement qualifiées. Selon l'Association des universités et collèges du Canada, le taux d'inscription dans les universités devrait augmenter de 20 à 30 p. 100 au cours des 10 prochaines années. Parallèlement, près des deux tiers du corps enseignant actuel prendront leur retraite. Il faudra donc recruter quelque 30 000 enseignants au Canada et à l'étranger. Or, cela se produira à un moment où la course internationale aux travailleurs hautement qualifiés sera plus intense. Les membres plus jeunes du corps enseignant, pour la plupart formés dans un milieu où la recherche est intensive, s'attendront à pouvoir poursuivre leurs travaux de recherche. Il sera donc essentiel de disposer de fonds de recherche suffisants pour que le Canada puisse former, attirer et retenir des enseignants de tout premier ordre et former la prochaine génération de personnes hautement qualifiées.

Un autre défi de taille pour le milieu universitaire, c'est que le financement n'a pas suivi la recherche, qui est devenue de plus en plus complexe. Aujourd'hui, la recherche est menée par des équipes à l'échelle mondiale et dans un cadre de plus en plus exigeant (par ex., protection des animaux, éthique humaine et évaluation environnementale). Les coûts associés à ces nouvelles demandes, que l'on qualifie souvent de coûts « indirects », ne sont pas entièrement couverts par les gouvernements fédéral ou provinciaux et territoriaux. Or, aux États-Unis et au Royaume-Uni, ils le sont depuis de nombreuses années.

Dans ses rapports, le Conseil consultatif des sciences et de la technologie du premier ministre conclut que le gouvernement du Canada devrait financer une plus grande part du coût de la recherche subventionnée, reconnaissant ainsi que les coûts encourus par les petites universités sont relativement élevés. En effet, avec moins de moyens, ces dernières offrent des infrastructures de recherche similaires. Le défi pour les petites universités consiste à ne pas tenter d'imiter la diversité des grandes universités, mais plutôt à se placer stratégiquement dans des créneaux spécialisés et à exploiter au maximum leurs ressources relativement limitées afin d'obtenir une incidence optimale. Le budget de 2001 a fait un premier pas pour appuyer les coûts indirects de la recherche en prévoyant un investissement ponctuel de 200 millions de dollars. Le gouvernement devra collaborer avec le milieu universitaire pour définir les bases d'un appui continu.

Les résultats de la recherche universitaire sont souvent publiés dans des revues spécialisées et contribuent donc au progrès général des connaissances. Le Canada peut être fier de ses établissements d'enseignement postsecondaire. En effet, beaucoup d'articles scientifiques sont produits pour chaque million de dollars investis dans la recherche et, à voir le nombre de fois où la recherche canadienne est citée dans des travaux menés dans d'autres pays, la qualité de ces articles est évidente.

Innovations renforçant la sécurité

Un professeur canadien de génie mécanique de l'Université du Nouveau-Brunswick met au point de nouvelles technologies qui permettront de détecter des matières dangereuses pour la sécurité, la santé et l'environnement. Le tout nouveau dispositif du professeur produit des images en trois dimensions d'objets cachés dans des bagages ou dans une cargaison. Ce système d'imagerie a été mis au point avec l'aide du Conseil de recherches en sciences naturelles et en génie du Canada.

Les investissements canadiens, publics et privés, dans la recherche universitaire sont payants. En 1999, les universités canadiennes et les hôpitaux de recherche ont touché 21 millions de dollars sous forme de redevances. Les actions qu'elles détenaient valaient 55 millions de dollars. Ces universités étaient également à l'origine de la publication de 893 inventions. Par ailleurs, elles ont obtenu 349 brevets et exécuté 232 licences.[15] Et, à ce jour, elles ont donné naissance à 818 entreprises dérivées, ce qui représente un très bon résultat, comparé aux États-Unis[16]. Il ressort d'une enquête de l'Association of University Technology Managers que la commercialisation de la recherche universitaire au Canada a généré plus de 1,6 milliard de dollars de ventes et permis d'assurer plus de 7 300 emplois en 1999.[17] Il semble bien que les universités peuvent contribuer à la croissance économique et bénéficier d'un financement industriel sans compromettre leur rôle clé dans la recherche fondamentale ou leur capacité de diffuser largement leurs résultats en publiant des articles.

Cependant, une comparaison avec les 139 universités américaines et les 20 universités canadiennes qui soumettent un rapport à l'Association of University Technology Managers a révélé que l'on peut faire mieux. En effet, les universités américaines font environ 14 fois plus de recherche que les universités canadiennes, mais elles perçoivent 49 fois plus en revenus de licences, ce qui est un indicateur clé de la valeur des innovations[18]. Les recommandations du Conseil consultatif des sciences et de la technologie portaient essentiellement sur la nécessité pour le gouvernement d'aider financièrement les universités pour qu'elles puissent redoubler d'efforts.

D'autre part, les universités doivent mettre l'accent sur les domaines où elles excellent, former plus de personnes hautement qualifiées qui posséderont les compétences que demandent le secteur privé et le gouvernement, et s'efforcer de trouver plus d'applications commerciales à la recherche subventionnée. Les indicateurs clés de la performance sur le plan de la commercialisation devraient au moins tripler au cours des 10 prochaines années. Pour cela, il faudra élaborer des stratégies d'innovation à long terme assorties d'objectifs et de cibles. Il faudra aussi mettre en place des politiques claires en matière de propriété intellectuelle et s'efforcer de former des spécialistes des transferts de technologie, dont il y a pénurie actuellement. Plus important encore, il faudra un réel engagement à faire en sorte que, dans toute la mesure du possible, les Canadiens bénéficient des retombées de l'investissement public dans la recherche. À cet égard, les universités doivent rendre beaucoup plus précisément compte des retombées économiques au Canada du très large investissement en recherche que les gouvernements consentent chaque année.

15. Statistique Canada, *Enquête sur la commercialisation de la propriété intellectuelle dans le secteur de l'enseignement supérieur*, Document de travail du SIEDD, ST-00-01, n° de catalogue 88F0006XIB-00001, 1999.

16. Denys Cooper, Conseil national de recherches du Canada, Programme d'aide à la recherche industrielle, 2001.

17. Association of University Technology Managers, Inc., *AUTM Licensing Survey: FY 1999*, 2000.

18. Association of University Technology Managers, Inc., *AUTM Licensing Survey: FY 1999*, 2000.

Gouvernements

Les gouvernements effectuent environ 11 p. 100 de la R-D canadienne, ce qui est comparable à la moyenne des pays de l'OCDE[19]. Le gouvernement du Canada compte environ 200 laboratoires de R-D, qui ont un budget de recherche de 1,7 milliard de dollars et emploient 14 000 chercheurs et ingénieurs[20].

Tout au long du XXe siècle, les gouvernements ont dû faire beaucoup de R-D pour compenser le peu d'activité des universités et du secteur privé à cet égard. Aujourd'hui, le Canada s'enorgueillit d'un très bon réseau universitaire et son secteur privé affiche un des taux de croissance des dépenses de R-D les plus élevés du G-7. Le gouvernement concentre donc ses efforts sur des domaines où d'autres ne peuvent satisfaire ses besoins en matière de R-D. Dans les domaines d'intérêt public, comme la santé, la sécurité, l'environnement et l'intendance des ressources naturelles, les gouvernements ont le devoir de faire ou de financer des recherches sur lesquelles s'appuieront des politiques de réglementation judicieuses. Ils ont également des rôles clés à jouer en tant que bâtisseurs, gardiens et facilitateurs d'une infrastructure de recherche qui soutient le système d'innovation canadien.

Depuis quelques années, le Conseil d'experts en sciences et en technologie examine le rôle des laboratoires du gouvernement du Canada dans la société canadienne. Ses études montrent que le système des laboratoires gouvernementaux possède de nombreux atouts. On lui doit les excellents résultats du Canada en matière de santé et de sécurité publiques. Il a mis en place un système de normes industrielles solide, et il a bâti une infrastructure qui favorise le développement économique. Plusieurs secteurs de l'économie canadienne ont toujours beaucoup dépendu du gouvernement pour la R-D, notamment l'agriculture et les pêches.

Si l'on considère les documents de recherche publiés ou l'utilisation qu'en font d'autres chercheurs, la R-D effectuée par le gouvernement du Canada est de grande qualité et productive par rapport à celle d'autres pays. Dans plusieurs domaines spécialisés, y compris les ressources naturelles et l'environnement, les laboratoires du gouvernement abritent la plus grande concentration de compétences en recherche au Canada.

Si la recherche a un potentiel commercial, les ministères s'efforcent de trouver des partenaires dans le secteur privé afin de commercialiser leurs découvertes. Rien qu'en 1999, le gouvernement a déposé 89 brevets, accordé 191 licences et perçu 12 millions de dollars de redevances[21]. Les laboratoires du gouvernement du Canada, qui sont à l'origine de 48 nouvelles sociétés dérivées à ce jour, font mieux — par rapport à la taille de notre base de recherche — que les laboratoires fédéraux américains pour ce qui est des redevances, du nombre de nouvelles licences et des demandes de brevets déposées[22].

Indice UV et programme de prévision

Des scientifiques du gouvernement ont élaboré un indice UV dont les Canadiens peuvent se servir pour mesurer la force des rayons ultraviolets et se prémunir contre les coups de soleil. L'indice UV se calcule à partir de données recueillies dans 13 sites de surveillance répartis d'un bout à l'autre du Canada. Le Centre météorologique canadien intègre ensuite ces données dans ses modèles météorologiques de prévisions quotidiennes de l'indice, émises le lendemain à l'échelle nationale. Ce programme est devenu la norme mondiale. La licence de fabrication du matériel nécessaire a été accordée à une entreprise canadienne, qui vend maintenant le matériel dans le monde entier.

19. OCDE, *Principaux indicateurs de la science et de la technologie*, 2001 : 2.
20. Statistique Canada, *Statistique des sciences*, n° de cat. 88-001-XIB, vol. 25, n° 9, novembre 2001.
21. Statistique Canada, 1999, Dépenses et main-d'œuvre scientifiques fédérales, 1999-2000, et Gestion de la propriété intellectuelle, exercice 1998-1999.
22. Estimations d'Industrie Canada fondées sur : Statistique Canada, 1999, Dépenses et main-d'œuvre scientifiques fédérales, 1999-2000; Gestion de la propriété intellectuelle, exercice 1998-1999; et données du U.S. Department of Commerce.

Rôles clés des sciences et de la technologie gouvernementales

Appuyer le processus décisionnel, l'élaboration des politiques et la réglementation

- *Les activités de recherche d'Environnement Canada renforcent sa capacité d'élaborer des politiques et de faire appliquer des règlements relatifs à la protection et à la qualité de l'environnement.*
- *La Direction générale des produits de santé et des aliments de Santé Canada effectue des recherches afin de s'assurer de la salubrité des aliments et de la sécurité des médicaments, ainsi que de la bonne application des nouvelles technologies en rapport avec la santé.*

Élaboration et gestion des normes

- *L'Institut de recherche en construction du Conseil national de recherches du Canada fournit des services de recherche, d'élaboration de codes du bâtiment et d'évaluation des matériaux.*

Contribution à la santé publique, à la sécurité et aux besoins en matière d'environnement ou de défense

- *Le Centre scientifique canadien de la santé humaine et animale de Winnipeg est le premier centre du monde à faire, au plus haut degré de confinement, de la recherche sur des maladies connues ou nouvelles qui frappent les humains et les animaux.*
- *Non seulement R-D pour la défense Canada appuie la recherche sur de nouvelles technologies pour les Forces canadiennes, mais en plus, cet organisme met au point et adapte des technologies qui améliorent la sécurité des Canadiens.*

Faciliter le développement économique et social

- *Les instituts de recherche du Conseil national de recherches du Canada sont au cœur des filières technologiques que l'on trouve un peu partout au Canada dans des domaines tels que la biotechnologie, l'aérospatiale, les piles à combustibles et la nanotechnologie.*
- *Agriculture et Agroalimentaire Canada appuie la recherche avec le secteur privé qui est facilement transférable au client afin de favoriser la création de nouvelles entreprises et la croissance économique.*

Source : Conseil d'experts en sciences et en technologie, *Vers l'excellence en sciences et en technologie : le rôle du gouvernement fédéral en sciences et en technologie,* Ottawa, 1999.

Une aide venue de l'espace

Les Services des glaces d'Environnement Canada et le Centre de télédétection de Ressources naturelles Canada ont effectué de la R-D qui a conduit à l'exploitation des données de RADARSAT-1 pour la surveillance des glaces marines. En passant de la reconnaissance aérienne au satellite RADARSAT-1 de l'Agence spatiale canadienne, on a amélioré la qualité et la couverture du service de surveillance des glaces marines, tout en économisant plus de 6 millions de dollars par an.

Comme le fait remarquer le Conseil d'experts en sciences et en technologie, les laboratoires du gouvernement sont confrontés à plusieurs défis de taille. Il deviendra urgent, dans les 10 prochaines années, de recruter pour renouveler le bassin de chercheurs, qui vieillit. Les connaissances progressant dans des domaines tels que la biotechnologie, les compétences requises pour fournir au gouvernement les données nécessaires à la prise de décisions judicieuses évoluent rapidement. Non seulement le renouvellement s'impose pour des raisons démographiques, mais en plus, les progrès enregistrés dans les connaissances obligent à faire appel à de nouvelles compétences.

La capacité du gouvernement de protéger la santé, la sécurité et d'autres intérêts publics dépend de plus en plus de l'accès à des connaissances scientifiques de qualité. Les gouvernements doivent bien comprendre les toutes dernières découvertes et leurs incidences éventuelles sur la population et sur l'environnement. Le public et les milieux d'affaires doivent avoir l'assurance que les gouvernements se tiennent informés de l'évolution de la science.

Il est peut-être bon d'envisager de nouveaux modèles de partenariat entre les ministères et d'inclure d'autres acteurs de la R-D pour résoudre des problèmes comme la salubrité de l'eau et la sécurité. Des réseaux plus solides entre les chercheurs du gouvernement, ceux des universités et ceux du secteur privé permettraient au gouvernement de bénéficier des meilleures compétences que le pays peut offrir.

Image NASA courtoisie Agence spatiale canadienne, **www.espace.gc.ca**

Les alliances stratégiques

Innover peut être à la fois risqué et coûteux, et cela demande souvent des compétences extérieures à l'entreprise. Dans le cas des PME, il est donc primordial de partager ressources, savoir-faire et risques. En plus d'atténuer les risques, les alliances technologiques permettent aux entreprises de réduire leurs coûts de recherche et d'accéder à de nouveaux marchés. Les entreprises les plus novatrices du Canada s'allient à des organisations des secteurs public et privé, au Canada et à l'étranger, à des fins de collaboration[23]. Il peut s'agir d'un échange d'informations de gré à gré ou d'alliances stratégiques structurées au pays ou encore d'alliances internationales avec des fournisseurs, des clients, voire des concurrents.

23. Statistique Canada, *Enquête sur les innovations*, 1999.

Dans son deuxième rapport annuel sur l'innovation, le Conference Board du Canada confirme que les entreprises qui collaborent ont davantage de chances de tirer plus de revenus de la vente de nouveaux produits et qu'il est beaucoup plus probable qu'elles commercialisent des innovations qui sont des premières mondiales.

En général, les entreprises canadiennes savent former des alliances stratégiques pour des activités de commercialisation et de vente. Cependant, par rapport à leurs concurrentes, elles forment moins d'alliances indispensables à la mise au point de nouvelles technologies (graphique 12). Les alliances technologiques supposent la mise en commun de ressources afin de réduire les risques et les coûts inhérents à l'innovation.

D'après le Conference Board du Canada, les grandes entreprises collaborent beaucoup. Cependant, les PME sont confrontées à des défis particuliers, étant donné le temps de gestion nécessaire pour former des alliances tout en faisant face aux exigences quotidiennes de l'exploitation d'une entreprise prospère. Les gouvernements peuvent faciliter la conclusion d'un plus grand nombre d'alliances, mais le secteur privé doit montrer l'exemple en repérant les possibilités de profiter des meilleures compétences scientifiques qui soient et en en tirant parti.

Le capital-risque

Les investissements de capital-risque se font généralement dans de petites entreprises pour soutenir et accélérer la commercialisation de nouvelles technologies. Suivant en cela les tendances mondiales, l'industrie canadienne du capital-risque a pris beaucoup d'expansion ces dernières années (graphique 13). Ainsi, en l'an 2000, elle gérait 19 milliards de dollars, un montant impressionnant qui correspond aux investissements et aux engagements de l'année en cours et de l'année précédente.

Rien qu'en l'an 2000, les investissements supplémentaires en capital-risque s'élevaient à 6,6 milliards de dollars au Canada (décaissements annuels), soit un taux de croissance annuel composé de 56 p. 100 depuis 1994.

Comme prévu, avec le récent ralentissement économique, les investissements de capital-risque seront probablement inférieurs en 2001. D'après les données préliminaires pour les neuf premiers mois de l'année, 5 milliards de dollars supplémentaires auront été investis au Canada en 2001, soit moins que pendant l'année record qu'avait été 2000 mais bien plus qu'en 1999. Aux États-Unis, ces investissements devraient être inférieurs à leur niveau de 1999.

Graphique 12 Alliances technologiques inter-entreprises, 1989-1998

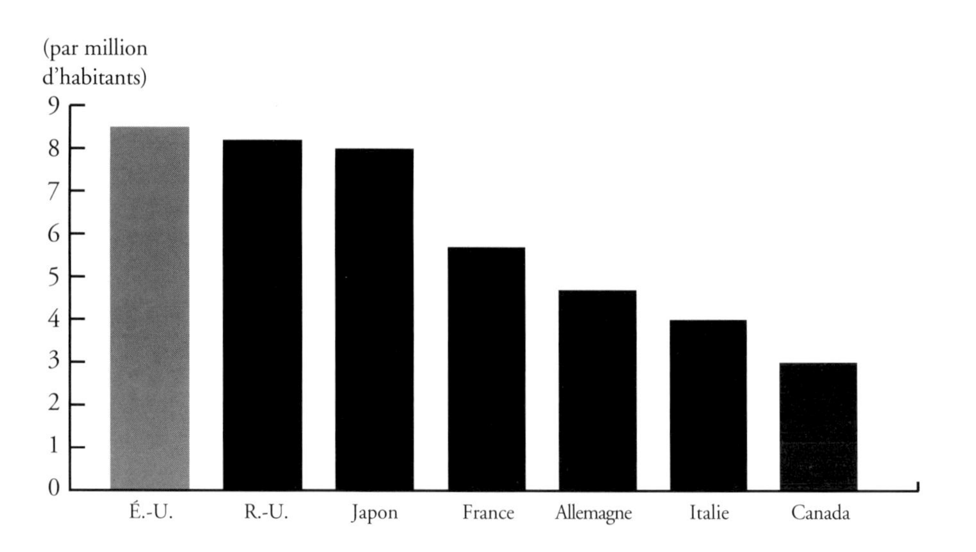

Source : Données estimées par l'Institut de recherche économique sur l'innovation et la technologie de l'Université de Maastricht (MERIT) et citées dans Department of Trade and Industry, *UK Competitiveness Indicators,* deuxième édition, 2001.

Graphique 13 Tendances du capital-risque canadien

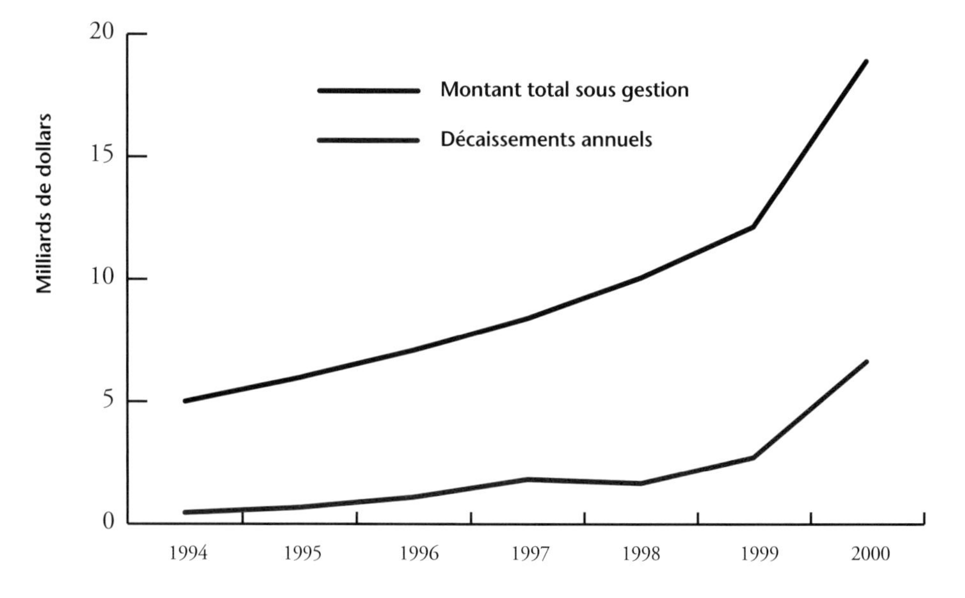

Source : Macdonald & Associates Limited, *Summary of Venture Capital Investment Activity, 1994-2000.*

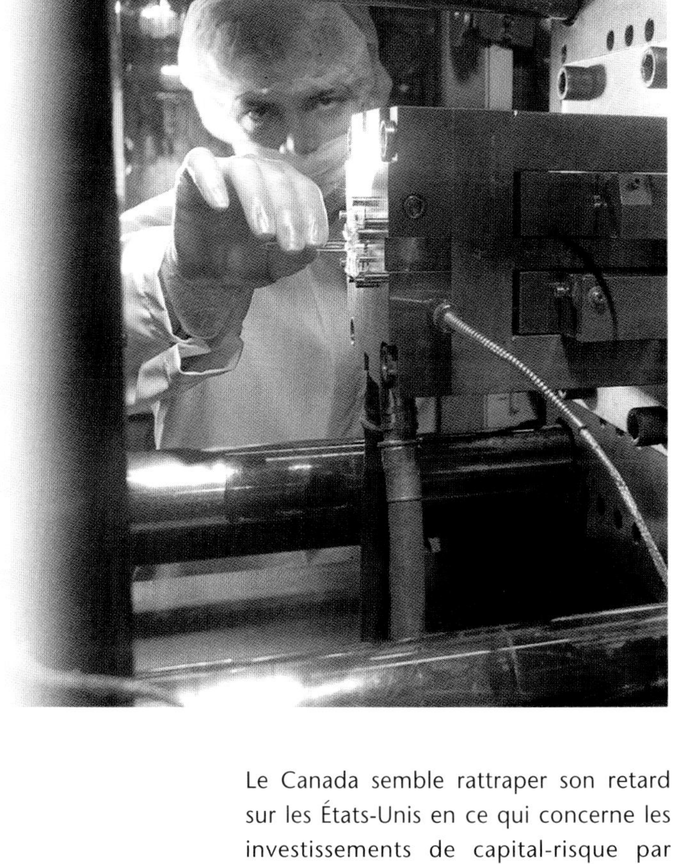

ce n'est généralement le cas au Canada. Ceci contribue au succès phénoménal des États-Unis en matière d'innovation.

Les entreprises canadiennes qui présentent un potentiel de croissance rapide demanderont de plus en plus, aux sociétés de capital-risque canadiennes et étrangères, des services spécialisés et un soutien à plus long terme. L'industrie canadienne du capital-risque doit donc développer des compétences particulières en gestion dans de nouveaux domaines. En fait, il lui est de plus en plus difficile, à cause de la complexité des développements technologiques et scientifiques, d'évaluer les débouchés et les risques sans ces compétences spécialisées.

L'industrie canadienne doit également mettre à contribution de nouvelles sources de capitaux. Les caisses de retraite pourraient jouer un rôle plus important. Les caisses de retraite canadiennes représentent généralement de 5 à 10 p. 100 des nouveaux investissements de capital-risque au Canada. En l'an 2000, leur part a augmenté sensiblement, pour passer à 22 p. 100. Cependant, malgré cette progression, ce sont des acteurs marginaux par rapport aux caisses de retraite américaines, qui représentent 50 p. 100 des décaissements.

La part étrangère des investissements de capital-risque commence à augmenter, tant pour ce qui est des investissements de sociétés étrangères dans des entreprises canadiennes que des investissements de sociétés canadiennes dans des entreprises étrangères, ce qui est une bonne chose. La concurrence accrue entre les sociétés de capital-risque sera bénéfique pour les entreprises canadiennes, et l'industrie canadienne du capital-risque pourra se spécialiser davantage et trouver des créneaux de marché mondiaux.

Le Canada semble rattraper son retard sur les États-Unis en ce qui concerne les investissements de capital-risque par habitant. En l'an 2000, aux États-Unis, ils étaient supérieurs de 349 $ à ce qu'ils étaient au Canada alors que dans les neuf premiers mois de 2001, l'écart n'était plus que de 53 $[24]. Le Canada s'en sort bien aussi à l'échelle internationale pour ce qui est des investissements de capital-risque par rapport à la taille de notre économie[25].

Cependant, le marché canadien du capital-risque est encore relativement petit, comparé au marché américain. Comme les cercles de capital-risque américains sont plus mûrs, plus expérimentés et plus concurrentiels, il est plus facile pour les entreprises américaines d'obtenir les grands investissements en capitaux nécessaires pour commercialiser des découvertes scientifiques et financer leur croissance à long terme que

24. Compilations faites par Industrie Canada à partir de Macdonald & Associates Limited, *Venture Capital Activity 2000*, mars 2001 et la National Venture Capital Association (**http://www.NVCA.com**).
25. Conference Board du Canada, *Investing in Innovation: 3rd Annual Innovation Report*, 2001.

Relever le défi de la performance sur le plan du savoir

Le secteur privé doit renforcer sa capacité d'innover pour les marchés mondiaux et adopter des innovations de pointe venues du monde entier. Des niveaux relativement faibles d'investissement dans la R-D, trop peu d'alliances stratégiques et des sources limitées de capital-risque contribuent à la piètre performance du secteur privé sur le plan de l'innovation. Il faut relever ces défis pour assurer la compétitivité du secteur privé, et cela requiert le leadership de ce dernier.

Les gouvernements doivent également avoir accès à une base de connaissances solide afin de s'acquitter de leurs responsabilités en matière d'intendance, d'élaborer des politiques éclairées et de réaliser ses objectifs en matière de développement socioéconomique. Ils doivent travailler en collaboration avec les établissements d'enseignement afin d'élargir le bassin de personnel de recherche au Canada et la masse de connaissances.

Il ne suffit pas, cependant, que les gouvernements et les universités accroissent le nombre de chercheurs et les connaissances qu'ils génèrent. Le secteur privé au Canada doit demander, acheter, effectuer et, finalement, utiliser plus de recherche pour appuyer sa compétitivité. Les entreprises doivent également rechercher et mettre en œuvre sans relâche des pratiques exemplaires qui existent au pays et ailleurs dans les domaines du financement d'entreprise, de la commercialisation et de la production. Il faudra pour cela une transformation culturelle des comportements et des attitudes. Il faudra faire preuve d'un plus grand dynamisme dans la gestion et l'extraction de la valeur qui découle des connaissances.

OBJECTIFS, CIBLES ET PRIORITÉS

Pour relever ces défis, les secteurs public et privé canadiens doivent définir des objectifs à long terme et des cibles mesurables qui pourront guider tous nos efforts au cours des 10 prochaines années. Certains des objectifs et des cibles proposés par le gouvernement du Canada ont déjà été annoncés dans le discours du Trône de 2001, dans le budget fédéral et dans des discours ministériels. D'autres sont proposés pour la première fois. Ensemble, ils répondent à la nécessité de voir plus d'entreprises mettre au point et adopter des innovations de pointe, en partie en investissant davantage dans la création de savoir, en formant plus d'alliances stratégiques et en ayant plus facilement accès au capital-risque.

OBJECTIFS

- Augmenter considérablement l'investissement public et privé dans l'infrastructure du savoir afin d'améliorer la performance du Canada en matière de R-D.
- Faire en sorte qu'un nombre croissant d'entreprises bénéficient de l'application commerciale du savoir.

CIBLES

- D'ici 2010, se classer parmi les cinq premiers pays du monde en ce qui concerne la performance sur le plan de la R-D.
- D'ici 2010, au moins doubler les investissements actuels du gouvernement du Canada dans la R-D.
- D'ici 2010, se classer parmi les meilleurs au monde en part des ventes des entreprises canadiennes attribuables à des innovations.
- D'ici 2010, augmenter les investissements de capital-risque par habitant pour arriver au niveau général des États-Unis.

PRIORITÉS DU GOUVERNEMENT DU CANADA

1. **Relever les principaux défis qui se posent dans le milieu de la recherche universitaire.**

   Priorité : Le budget fédéral de 2001 augmentait le budget annuel des trois conseils nationaux subventionnant la recherche. Il prévoyait aussi un investissement ponctuel destiné à aider les universités et les hôpitaux de recherche à couvrir les coûts indirects de la recherche subventionnée par le gouvernement fédéral. Ces mesures soulageront les pressions financières à court terme. Cependant, les conseils subventionnaires auront besoin de plus de fonds à long terme. Les pressions que les coûts indirects font peser sur nos universités et nos hôpitaux de recherche sont des problèmes structuraux auxquels il faudra aussi trouver une solution durable. Afin de relever ces défis, le gouvernement du Canada s'engage à prendre les initiatives suivantes :

- **Financer les coûts indirects de la recherche universitaire.** Contribuer à une partie des coûts indirects des travaux de recherche bénéficiant d'un soutien fédéral, en tenant compte de la situation particulière des petites universités.
- **Appuyer le potentiel de commercialisation des travaux de recherche universitaire subventionnés.** Aider les établissements d'enseignement à repérer la propriété intellectuelle qui a un potentiel commercial et à former des partenariats avec le secteur privé afin de commercialiser les résultats de la recherche. Ces établissements seraient tenus de gérer l'investissement public dans la recherche comme un bien stratégique national en élaborant des stratégies d'innovation et en rendant compte des résultats de la commercialisation. Un partenariat en constante évolution permettrait aux universités de contribuer de façon plus dynamique à l'innovation au Canada, en contrepartie d'un engagement gouvernemental à long terme envers leur infrastructure du savoir.
- **Offrir au Canada des possibilités de recherche qui soient compétitives à l'échelle internationale.** Accroître l'appui aux conseils subventionnaires afin qu'ils puissent attribuer plus de subventions de recherche importantes. L'excellence doit rester la pierre angulaire de l'appui fédéral à la recherche universitaire.

2. **Renouveler la capacité en sciences et en technologie du gouvernement du Canada de relever les défis et de saisir les possibilités qui se présentent sur le plan de la politique publique, de l'économie et de l'intendance.**

   Priorité : En plus de fournir un appui traditionnel aux sciences gouvernementales, le gouvernement du Canada étudiera une nouvelle approche de l'investissement dans la recherche afin de cibler la capacité

Modèle : l'Institut canadien de nanotechnologie

L'Institut, qui est le fruit d'une initiative de 120 millions de dollars du gouvernement fédéral et du gouvernement de l'Alberta, mettra le Canada à l'avant-garde de la nanotechnologie. Ce domaine pourrait révolutionner, entre autres, les soins de santé, l'informatique, la consommation d'énergie et la fabrication. L'Institut élargira les réseaux existants en offrant des possibilités de stages à des chercheurs de troisième cycle et en ouvrant ses installations à d'autres organismes.

de recherche fédérale sur les enjeux scientifiques prioritaires qui se dessinent. De nouveaux investissements dans la recherche scientifique permettraient de garantir que des politiques fondées sur des données scientifiques solides sont adoptées pour appuyer des objectifs relatifs à l'environnement, à la santé et à la sécurité. Le gouvernement constituerait des réseaux de collaboration entre les ministères, les universités, des organisations non gouvernementales et le secteur privé. Cette approche intégrerait, mobiliserait et renforcerait les investissements récents du gouvernement dans les universités et le secteur privé. Le financement se ferait par appel d'offres, reposerait sur les priorités du gouvernement et serait éclairé par des avis d'experts.

3. **Encourager l'innovation et la commercialisation des connaissances dans le secteur privé.**

Priorité : Le secteur privé est le principal acteur du système d'innovation national. En plus de créer un ensemble de politiques et de règlements favorable à l'innovation (voir la section 7), le gouvernement envisagera d'apporter aux programmes les améliorations suivantes, afin d'encourager le secteur privé à innover :

- **Encourager davantage la commercialisation d'innovations qui sont des premières mondiales.** Le gouvernement du Canada envisagera d'accroître l'appui aux programmes de commercialisation établis qui ciblent des investissements dans la biotechnologie, les technologies de l'information et des communications, l'énergie durable, l'exploitation minière et forestière, les nouveaux matériaux, la fabrication de pointe, l'aquaculture et l'éco-efficacité.

- **Encourager davantage les petites et moyennes entreprises à adopter et à mettre au point des innovations d'avant-garde.** Le gouvernement du Canada envisagera de fournir un appui au Programme d'aide à la recherche industrielle du Conseil national de recherches du Canada afin d'aider les PME canadiennes à évaluer la technologie mondiale et à y accéder, à former des alliances internationales en R-D, et à créer des entreprises technologiques internationales. Conformément à la recommandation du Conseil consultatif des sciences et de la technologie, cela aidera les PME à atténuer les risques inhérents à la commercialisation et à la diffusion de nouvelles technologies.

- **Récompenser les innovateurs canadiens.** Le gouvernement du Canada envisagera de mettre en place un nouveau prix national prestigieux, qui sera accordé chaque année, afin de reconnaître les innovateurs du secteur privé canadien concurrentiels à l'échelle internationale. Célébrer les réussites contribuera à créer une culture de l'innovation.

- **Accroître l'offre de capital-risque au Canada.** La Banque de développement du Canada (BDC) utilisera ses compétences et sa connaissance des fonds de capital-risque pour réunir les avoirs de divers partenaires et, en particulier, des caisses de retraite. La BDC investirait ces sommes dans de petits fonds de capital-risque spécialisés et gérerait le portefeuille au nom de ses partenaires.

Pour réussir dans l'économie mondiale du savoir, un pays doit pouvoir produire, attirer et retenir une masse critique de personnes instruites et convenablement formées. Des personnes hautement qualifiées, c'est-à-dire titulaires d'un diplôme postsecondaire ou équivalent, sont indispensables dans une économie et une société novatrices.

Le Canada possède aujourd'hui une des populations actives les plus instruites du monde. Près de 40 p. 100 de la population adulte a atteint un niveau d'instruction postsecondaire, ce qui est nettement plus que dans d'autres économies avancées (graphique 14). En 1998, nos 199 collèges et 75 universités ont délivré près de 285 000 certificats et diplômes, dont quelque 4 000 doctorats[26]. Nous disposons donc d'une base très solide et enviable pour mener une stratégie de l'innovation fructueuse.

Au fil des ans, notre bassin de personnes hautement qualifiées s'est révélé suffisant pour soutenir la croissance économique et il a contribué à attirer des investissements étrangers. Dans un sondage réalisé récemment, les cadres supérieurs américains interrogés citaient la qualité et la disponibilité de la main-d'œuvre comme les principales raisons d'investir au Canada (graphique 15).

La conjoncture économique actuelle a entraîné des mises à pied dans plusieurs secteurs, et tout particulièrement celui des technologies de l'information et des communications. Il s'agit, cependant, d'un problème à court terme.

À long terme, le Canada pourrait être confronté à d'importantes pénuries de compétences. D'après le Conseil consultatif des sciences et de la technologie, dans bien des secteurs, les entreprises ont déjà du mal à recruter et à retenir des travailleurs hautement qualifiés dans des domaines spécialisés. Or, ces difficultés s'accentueront et se généraliseront à l'avenir[27].

26. Statistique Canada, *L'éducation au Canada*, 2000.

27. Groupe d'experts sur les compétences du Conseil consultatif des sciences et de la technologie, *Viser plus haut. Compétences et esprit d'entreprise dans l'économie du savoir*, 2000.

LE DÉFI SUR LE PLAN DES COMPÉTENCES

Graphique 14 Pourcentage de la population âgée de 25 à 64 ans ayant un niveau d'études postsecondaires, 1999

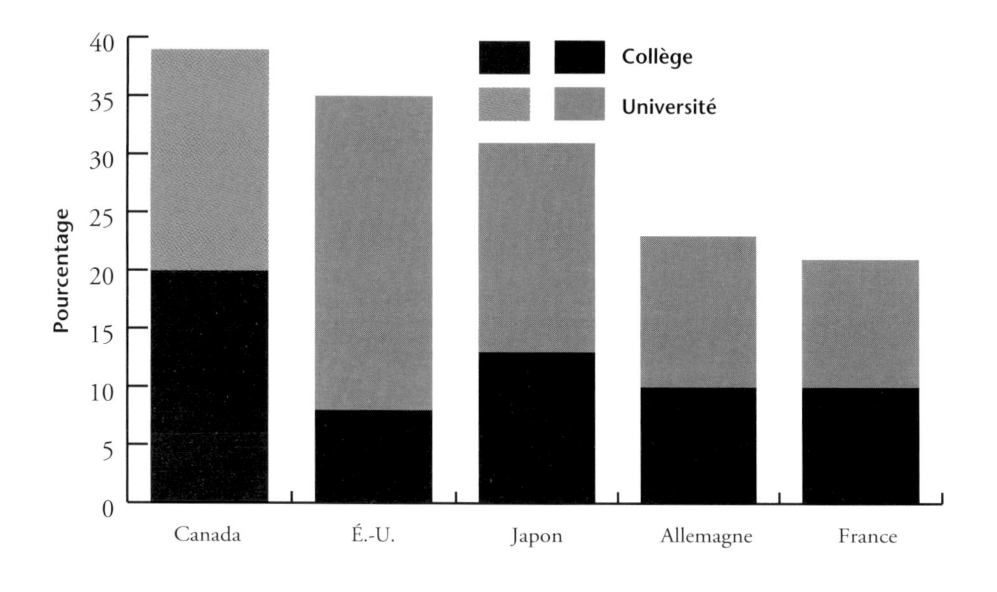

Source : OCDE, *Regards sur l'éducation — Les indicateurs de l'OCDE*, édition 2001.

Graphique 15 Principales raisons d'investir au Canada

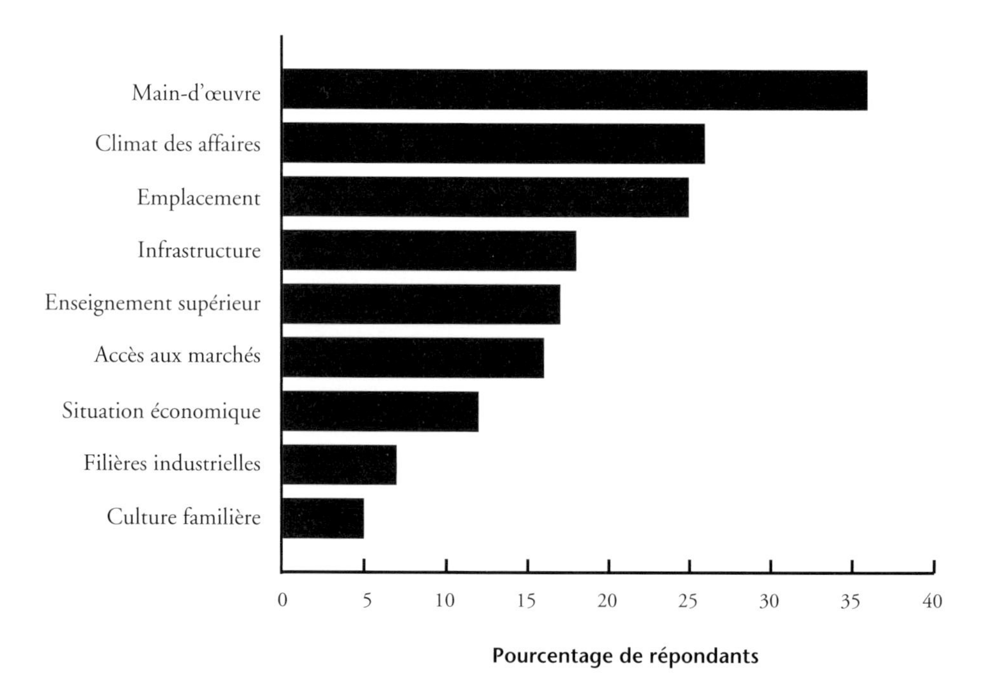

Source : Wirthlin Worldwide; Earnscliffe Research and Communications, 2001.

Cela tient notamment au fait que tous les pays occidentaux commencent à connaître une évolution démographique importante — vieillissement des populations et baisse du taux de natalité — qui entraînera une diminution du nombre des travailleurs par rapport à la taille de la population non active. Parallèlement, la demande de compétences de pointe continuera de se diversifier et d'augmenter rapidement dans tous les secteurs. Il est raisonnable, dans ces conditions, de s'attendre à ce que les travailleurs hautement qualifiés soient l'enjeu d'une vive concurrence, non seulement au Canada mais aussi sur le marché international du travail.

Il sera donc particulièrement difficile pour le Canada de se classer parmi les cinq premiers pays en matière de R-D d'ici 2010, comme il en a l'intention. Pour effectuer de la R-D à ce niveau plus élevé, il doit plus que doubler le nombre de chercheurs dans sa population active[28]. Le Canada doit former plus de scientifiques, d'ingénieurs et de techniciens très qualifiés. Mais il doit aussi accroître le nombre de gestionnaires — des gens qui possèdent des compétences en affaires et qui ont une vaste formation interdisciplinaire. Pour que le Canada devienne l'une des économies les plus novatrices au monde, il a besoin de gestionnaires solides qui peuvent diriger l'économie par la transformation des entreprises.

28. Estimations d'Industrie Canada.

Remédier aux lacunes sur le plan des compétences sera l'un des plus grands défis du Canada au cours des 10 prochaines années. *Atteindre l'excellence : investir dans les gens, le savoir et les possibilités* met l'accent sur la formation et le maintien d'un bassin de personnes hautement qualifiées suffisamment nombreuses pour être les moteurs de l'innovation. *Le savoir, clé de notre avenir : le perfectionnement des compétences au Canada* souligne combien il est nécessaire de renforcer les bases de l'acquisition continue du savoir chez les enfants et les jeunes, de maintenir l'excellence de l'enseignement postsecondaire canadien, de doter le pays d'un système d'apprentissage pour adultes de tout premier ordre et d'aider les immigrants à réaliser leur plein potentiel. Il porte sur tout un éventail de domaines où le Canada doit s'améliorer afin, par exemple, de compter plus d'ouvriers et d'apprentis dans des métiers spécialisés, de réduire le nombre des abandons scolaires au secondaire et d'améliorer le niveau d'alphabétisation. Non seulement des progrès dans ces domaines renforceront la société canadienne, mais ils aideront également le Canada à devenir plus novateur à long terme.

Le Canada peut relever le défi des compétences auquel il se heurte en augmentant le nombre de personnes hautement qualifiées provenant de trois sources : les jeunes diplômés des universités et collèges canadiens, les immigrés hautement qualifiés qui viennent au Canada avec un statut de résident permanent ou de travailleur étranger temporaire, et les personnes faisant déjà partie de la main-d'œuvre, qui se recyclent ou mettent leurs compétences à jour.

JEUNES DIPLÔMÉS

Depuis 10 ans, le nombre des inscriptions à plein temps à l'université augmente très lentement en proportion des cohortes d'âge[29], tandis que le nombre d'inscriptions à temps partiel a fortement diminué[30]. Or, si le taux de jeunes Canadiens qui entreprennent des études postsecondaires et obtiennent des diplômes de deuxième et de troisième cycles correspondant à la demande du marché du travail n'augmente pas nettement, le Canada ne pourra pas profiter pleinement des possibilités qu'offre la nouvelle économie.

Il faut maintenir et augmenter la capacité d'enseignement des universités et collèges canadiens, si l'on veut que suffisamment d'étudiants prometteurs poursuivent leurs études et obtiennent un diplôme. À cause

29. Conseil des ministres de l'Éducation (Canada) et Statistique Canada, *Indicateurs de l'éducation au Canada : Rapport du Programme d'indicateurs pancanadiens de l'éducation, 1999*, 2000.

30. Association des universités et collèges du Canada, « Effectifs à temps partiel : mais où sont donc passés les étudiants? », *Dossier de recherche*, mai 1999.

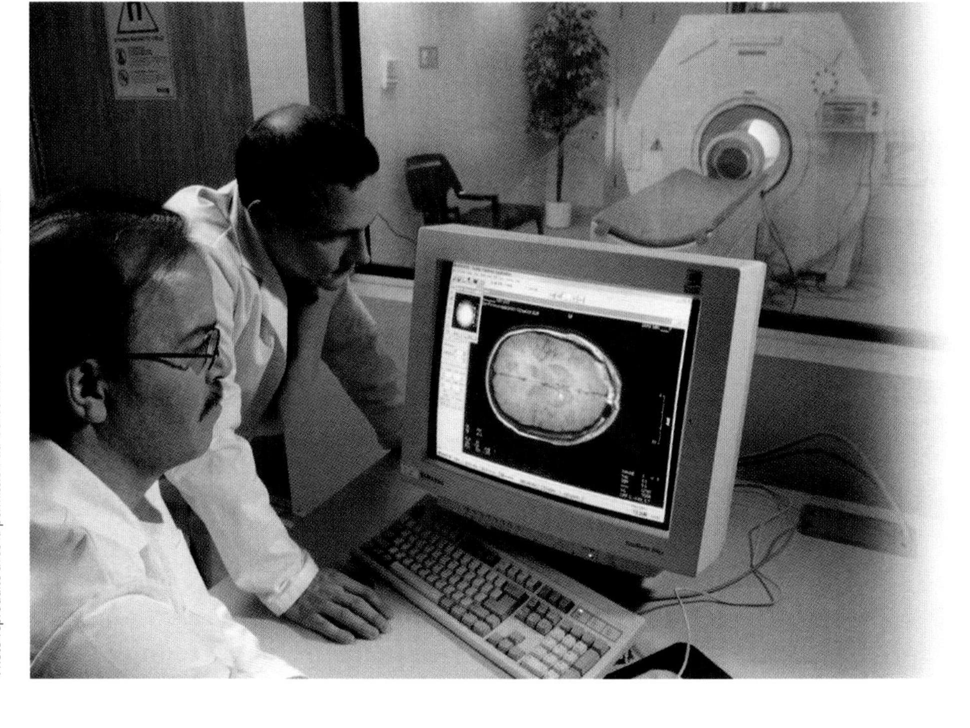

Photo reproduite avec la permission du Conseil national de recherches du Canada

des départs à la retraite qui se produiront dans les 10 prochaines années, ces établissements sont devant la perspective d'une perte sans précédent de professeurs et de chercheurs. Les établissements d'enseignement postsecondaire de nombreux pays, y compris ceux des États-Unis, subissent les mêmes pressions démographiques, ce qui accentue la course aux nouveaux enseignants et au personnel de R-D. Comme nous le soulignons à la section 5, des niveaux de financement de la recherche qui soient concurrentiels à l'échelle internationale joueront un rôle important dans le recrutement et la formation de membres du corps enseignant de tout premier ordre.

Les étudiants étrangers sont une autre source de personnes hautement qualifiées. Ils apportent une perspective internationale dans les collèges et universités et y ajoutent une diversité culturelle et intellectuelle. Ils représentent un avantage économique important, non seulement pour les établissements qui les accueillent, mais aussi pour les collectivités locales. Quand ils rentrent dans leur pays, ils peuvent devenir des décideurs ou des partenaires commerciaux qui ont des affinités avec le Canada. Ils peuvent aussi devenir une source attrayante de compétences pour les employeurs canadiens s'ils choisissent de devenir résidents permanents. Le Canada doit faire en sorte d'attirer un plus grand nombre des meilleurs étudiants étrangers.

IMMIGRATION

L'immigration a toujours été une source importante de travailleurs qualifiés pour le Canada. Comme nous le faisons remarquer plus haut, le marché international des travailleurs hautement qualifiés est en train de devenir très compétitif. Beaucoup de pays industrialisés, et notamment les États-Unis, mettent en œuvre des stratégies qui visent délibérément à attirer les compétences dont il y a pénurie, tandis que les « pays sources » commencent à prendre des mesures afin que leurs ressortissants les plus qualifiés soient moins nombreux à partir.

La stratégie actuelle du Canada en matière de recrutement de travailleurs étrangers qualifiés a été conçue à une autre époque. Elle doit être mise à jour et modifiée pour mieux répondre aux besoins du pays, en raison de la vive concurrence internationale qui se livre pour les compétences rares. Il faut passer d'une approche passive à une approche dynamique et mener une campagne active pour faire connaître le Canada en tant que destination de choix. Nous devons poursuivre nos efforts afin d'attirer les personnes hautement qualifiées dont nous avons besoin pour alimenter l'économie canadienne.

La nouvelle *Loi sur l'immigration et la protection des réfugiés* et son règlement aideront à atteindre cet objectif et à renforcer les partenariats avec les provinces et les territoires, qui assument les responsabilités en matière d'immigration. Les nouveaux critères de sélection du gouvernement du Canada tiendront compte de diverses caractéristiques et compétences des travailleurs qualifiés candidats à l'immigration. Pour pallier les pénuries cycliques et à court terme de main-d'œuvre qualifiée dues à la croissance d'un secteur ou à l'adoption d'une nouvelle technologie, des groupes d'employeurs du même secteur industriel pourront passer avec les gouvernements des ententes facilitant l'entrée de travailleurs étrangers temporaires. Les règlements viseront aussi à faciliter les démarches des travailleurs étrangers qualifiés temporaires qui souhaitent devenir résidents permanents sans avoir à quitter le Canada.

Le Canada profite des compétences et des aptitudes que les immigrants apportent avec eux. Étant donné la demande croissante de compétences et la vive concurrence qui se livre autour des personnes hautement qualifiées, le Canada ne peut guère se permettre de gaspiller ces talents. Un des plus grands défis qu'il nous faut relever consiste à nous doter d'un système détaillé et efficace qui nous permette d'évaluer et de reconnaître des titres de compétences étrangers. Il existe des services d'évaluation dans plusieurs provinces, mais il reste encore beaucoup à faire avant d'être certains qu'en tant que pays, nous tirons pleinement parti des compétences précieuses qu'offrent les nouveaux arrivants au Canada. *Le savoir, clé de notre avenir : le perfectionnement des compétences au Canada* présente en détail les défis et les mesures possibles en ce qui concerne l'évaluation des titres de compétences étrangers et de leur reconnaissance.

Nous devons également encourager les nouveaux venus à s'installer ailleurs qu'à Toronto, Vancouver et Montréal. Il faut, en effet, que les avantages de l'immigration soient répartis plus équitablement dans le pays. Tous les intervenants ont intérêt à ce que l'on parvienne à ce résultat et ils peuvent y contribuer.

LA POPULATION ACTIVE ADULTE

Les compétences que l'on acquiert lorsque l'on joint la population active sont la troisième source d'approvisionnement et, pourrait-on dire, la plus importante. Le Canada ne peut compter uniquement sur les jeunes diplômés ou sur les nouveaux immigrants pour maintenir — sans parler d'accroître ou d'améliorer — son bassin de compétences. Le niveau et les types de compétences nécessaires à l'économie ne cessent d'évoluer; il est donc impératif que tous les travailleurs et leurs employeurs investissent dans le perfectionnement professionnel continu. Le perfectionnement continu de toute la gamme des compétences des travailleurs est essentielle, si le Canada veut relever le défi des compétences et éviter de graves pénuries de main-d'œuvre durant les années à venir.

Adaptation à l'évolution technologique dans l'industrie de la construction

La section locale 183 de la Universal Workers' Union représente 25 000 travailleurs de la construction dans la région métropolitaine de Toronto. Ce syndicat, qui travaille en étroite collaboration avec les employeurs, axe sa stratégie sur la formation continue. Ainsi, il a construit à Vaughan (Ontario) un centre de formation permanente de 42 000 pi^2 (4 000 m^2) qui est le plus grand du genre en Amérique du Nord. Dans ce centre d'avant-garde, des travailleurs expérimentés viennent mettre à jour leurs connaissances et leurs compétences spécialisées, et des apprentis sont formés au matériel et aux technologies de dernier cri.

Les résultats du Canada en ce qui concerne la formation des adultes sont médiocres par rapport au reste du monde, y compris pour les personnes qui ont suivi un enseignement postsecondaire (graphique 16). Plusieurs facteurs expliquent ces résultats relativement médiocres, y compris le fait que les PME, nombreuses dans notre économie, ont en général peu de temps et de moyens à consacrer au perfectionnement des compétences. L'absence d'une tradition de formation en milieu de travail, qui tient en partie au fait que le Canada n'a pas connu de pénuries durables de compétences nécessaires pour alimenter l'économie, est un autre facteur.

Sans investissements continus et accrus dans le perfectionnement des compétences, la main-d'œuvre canadienne ne réalisera pas son plein potentiel et ne pourra répondre aux nouvelles exigences de l'économie du savoir. Nous serons donc limités dans notre capacité générale d'innover et d'appliquer nos innovations. *Le savoir, clé de notre avenir : le perfectionnement des compétences au Canada* traite plus en détail de ces questions.

Graphique 16 Participation à la formation parrainée par l'employeur, 1995
(employés âgés de 25 à 54 ans)

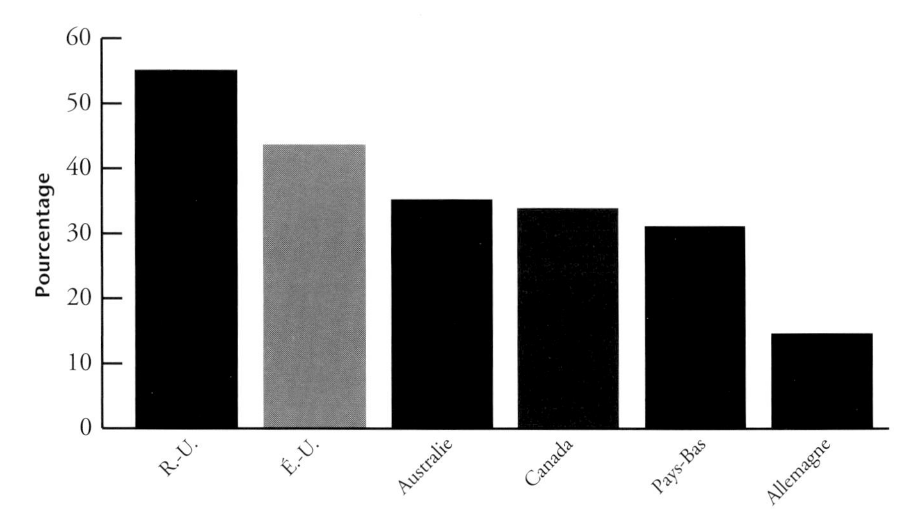

Source : OCDE, *Perspectives de l'emploi de l'OCDE*, 1999.

Relever le défi des compétences
Les connaissances et l'innovation dépendent des gens. Or, nous ne pouvons devenir un des pays les plus novateurs du monde sans relever le défi des compétences, un défi qui deviendra plus évident quand l'économie redémarrera. Nous devons investir dans l'enseignement supérieur, la recherche et le perfectionnement professionnel. Nous devons également veiller à ce que les Canadiens et les immigrants talentueux comprennent les avantages spéciaux que présente le Canada en tant que lieu de travail et de résidence, et à ce qu'ils puissent y développer leur plein potentiel. L'initiative visant à améliorer l'image de marque du Canada, qui est présentée à la section 7, nous aidera à atteindre ce résultat, de même que les propositions suivantes.

OBJECTIFS, CIBLES ET PRIORITÉS

Les objectifs, cibles et priorités fédérales qui sont proposés aideraient le Canada à former, à attirer et à retenir les personnes hautement qualifiées dont il a besoin pour commercialiser et adopter des innovations de pointe.

OBJECTIFS

- Former la main-d'œuvre la plus qualifiée et la plus talentueuse du monde.
- Veiller à ce que le Canada continue à attirer les immigrants qualifiés dont il a besoin et aide ces immigrants à réaliser leur plein potentiel sur le marché du travail et dans la société canadienne.

CIBLES

- Jusqu'en 2010, augmenter de 5 p. 100 en moyenne, par an, le nombre d'étudiants inscrits en maîtrise et au doctorat dans les universités canadiennes.
- D'ici 2002, mettre en œuvre la nouvelle *Loi sur l'immigration et la protection des réfugiés* et son règlement.
- D'ici 2004, améliorer sensiblement la performance du Canada pour ce qui est du recrutement de talents étrangers, y compris d'étudiants étrangers, en utilisant les programmes relatifs à l'immigration permanente et au statut de travailleur étranger temporaire.
- Au cours des cinq prochaines années, faire augmenter d'un million le nombre d'adultes qui profitent de possibilités d'apprentissage.

PRIORITÉS DU GOUVERNEMENT DU CANADA

1. Produire de nouveaux diplômés.

Priorité : Le gouvernement du Canada envisagera de prendre les initiatives suivantes afin d'augmenter sensiblement le nombre d'étudiants qui obtiennent des diplômes de deuxième et de troisième cycles, afin d'aider les universités à retenir les meilleurs jeunes diplômés au Canada et afin d'attirer les meilleurs étudiants étrangers et d'améliorer la qualité de la formation en recherche aux deuxième et troisième cycles :

- Encourager financièrement les étudiants inscrits à des programmes d'études de deuxième ou de troisième cycles, et doubler le nombre de bourses d'études au niveau de la maîtrise et du doctorat attribuées par les conseils subventionnaires fédéraux.

- Créer un programme de bourses d'études de tout premier ordre, aussi prestigieux et de la même ampleur que les bourses Rhodes; appuyer une stratégie concertée de recrutement d'étudiants étrangers menée par les universités canadiennes; et modifier les politiques et les formalités d'immigration afin qu'il soit plus facile de garder au Canada des étudiants étrangers.
- Mettre en place un programme coopératif de recherche afin d'aider les étudiants de deuxième et troisième cycles et, dans des circonstances particulières, les étudiants de premier cycle qui souhaitent combiner leur formation universitaire théorique avec une expérience approfondie de recherche appliquée dans un cadre de travail, y compris dans des laboratoires gouvernementaux.

2. **Moderniser le régime d'immigration du Canada.**

   Priorité : Faire connaître le Canada comme une destination de choix; augmenter le nombre de travailleurs hautement qualifiés qui immigrent de façon permanente au Canada; faire en sorte que les provinces, les territoires, les municipalités et les entreprises trouvent en temps opportun les personnes ayant les qualifications voulues; travailler de concert avec les partenaires et les organismes de réglementation provinciaux et territoriaux afin d'élaborer une approche nationale de l'évaluation et de la reconnaissance des titres de compétences étrangers; et améliorer l'intégration des travailleurs qualifiés étrangers sur le marché du travail à l'échelle du pays. Parallèlement, il sera important de garantir la santé et la sécurité des Canadiens.

Le savoir, clé de notre avenir : le perfectionnement des compétences au Canada propose certaines initiatives pour mieux intégrer les immigrants, y compris l'élaboration d'une approche nationale de l'évaluation et de la reconnaissance des titres de compétences étrangers.

Afin d'attirer des travailleurs qualifiés, le gouvernement du Canada s'est aussi engagé :

- à maintenir sa détermination à accueillir plus d'immigrants et à s'efforcer d'accroître le nombre de travailleurs hautement qualifiés;
- à accroître la présence, la capacité et la marge de manœuvre des services d'immigration, au Canada et à l'étranger, afin d'offrir aux travailleurs qualifiés permanents et temporaires des normes de service concurrentielles;
- à diversifier le bassin de travailleurs qualifiés en faisant connaître le Canada comme une destination de choix au moyen d'une promotion et d'un recrutement ciblés menés dans plus de régions du monde;
- à utiliser un programme révisé pour les travailleurs étrangers temporaires, ainsi que des autorisations provinciales élargies afin de faciliter l'entrée de travailleurs hautement qualifiés, et à s'assurer que les avantages de l'immigration sont plus équitablement répartis dans l'ensemble du pays.

Au Canada, le milieu de l'innovation correspond essentiellement au climat créé par les régimes d'intendance du gouvernement pour protéger l'intérêt public, et pour encourager et récompenser l'innovation. Des instruments, comme les lois, les règlements, les codes et les normes, créent les conditions nécessaires pour que les Canadiens profitent des retombées socioéconomiques de l'innovation. Ils jouent un rôle essentiel pour ce qui est d'établir la confiance du public dans le système d'innovation et la confiance des entreprises nécessaire à l'investissement et la prise de risques.

Un milieu de l'innovation de tout premier ordre ne tolère aucun compromis entre l'intérêt public et les possibilités commerciales. Il reconnaît que l'intérêt public doit être protégé. Il reconnaît aussi que l'innovation ne peut se poursuivre que si elle a bien servi le public dans le passé et si celui-ci en demande plus.

Le milieu de l'innovation canadien est dynamique. Nos politiques et nos systèmes d'intendance qui protègent la santé, l'environnement, la sécurité, la vie privée et les droits des consommateurs sont parmi les meilleurs du monde. Leur approche est moderne et progressive. Les politiques et systèmes permettent aux Canadiens de profiter des innovations tout en sachant que l'on veille sur leur bien-être.

Le commerce électronique à la croisée des chemins : protéger l'intérêt public et promouvoir l'innovation

À la fin des années 1990, le gouvernement du Canada a reconnu que le commerce électronique prenait de l'importance et posait de nouveaux défis en matière d'intendance. En coopération avec l'industrie et avec des organisations non gouvernementales, le gouvernement a défini et mis en œuvre les « sept premières » qui fournissent un cadre stratégique approprié pour l'élaboration de ce mode de transaction novateur :

- *neutralité fiscale entre le commerce électronique et les transactions classiques;*
- *normes;*
- *infrastructure à clé publique;*
- *signatures numériques;*
- *sécurité et chiffrement;*
- *protection des consommateurs;*
- *politique de protection des renseignements personnels.*

LE DÉFI DU MILIEU DE L'INNOVATION

Le milieu de l'innovation encourage également l'innovation et l'entrepreneuriat dans le secteur privé. Ainsi, les obstacles réglementaires canadiens à l'entrepreneuriat sont parmi les plus bas des pays de l'OCDE, exception faite du Royaume-Uni (graphique 17). La clarté de notre réglementation et de notre administration, les formalités relativement limitées pour les entreprises, des obstacles moindres à la concurrence et la transparence de nos processus d'appel d'offres sont nos principaux atouts.

Les baisses continues de l'impôt sur le revenu des particuliers et de l'impôt sur les bénéfices des sociétés, la réduction des primes de l'assurance-emploi, le traitement favorable des options d'achat d'actions accordées aux employés, et les généreux crédits d'impôt à la R-D favorisent l'innovation. Grâce en partie à ces atouts, les perspectives de croissance économique du Canada à moyen terme sont perçues comme étant très bonnes.

Bien que le milieu de l'innovation du Canada soit le meilleur du monde à bien des égards, nous ne pouvons nous reposer sur nos lauriers. D'autres pays améliorent leurs politiques afin de se placer le mieux possible sur la scène internationale. Nous devons nous aussi saisir les occasions qui se présentent pour améliorer notre milieu de l'innovation, afin que les Canadiens puissent bénéficier des nouvelles découvertes scientifiques et technologiques, tout en sachant que l'on veille sur leur santé, leur sécurité et leur environnement. Sinon, la confiance du public et des entreprises s'en ressentira, ce qui nuira à la performance sur le plan de l'innovation.

Graphique 17 Obstacles réglementaires à l'entrepreneuriat*, 1998

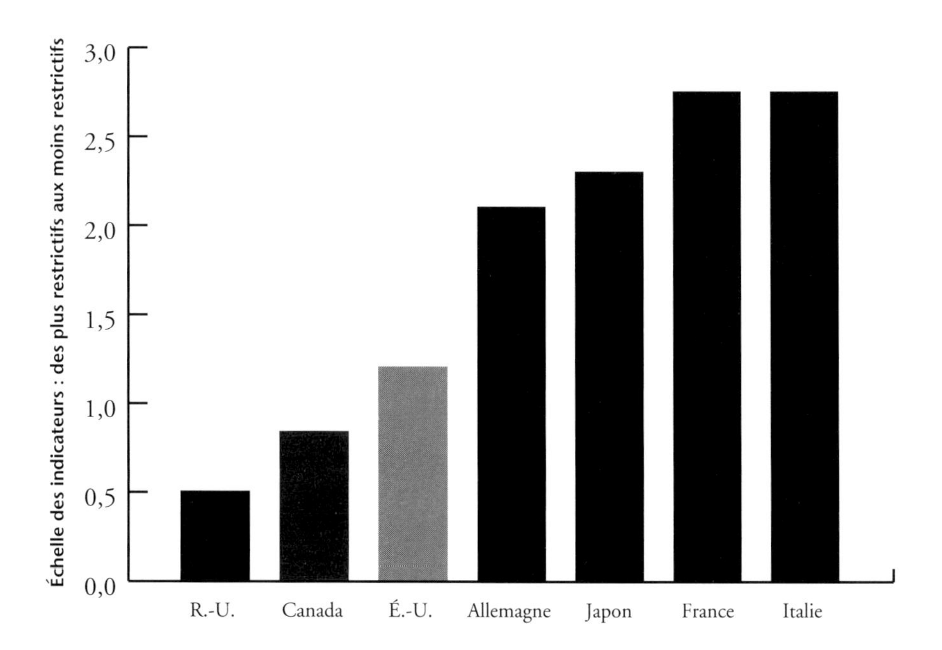

*** Ensemble des obstacles administratifs au démarrage d'entreprises; obstacles à la concurrence; et opacité réglementaire et administrative.**

Source : OCDE, *Summary Indicators of Product Market Regulation with an Extension to Employment Protection Legislation,* Documents de travail du Département des affaires économiques, n° 226, 2000.

Le défi pour les gouvernements consiste à prévoir les changements attribuables à des forces nationales et internationales afin de maximiser le potentiel de réussite commerciale tout en protégeant la santé et la sécurité publiques et la qualité de l'environnement. Les forces qui mettent nos entreprises et nos universités au défi d'adopter de nouveaux modes de fonctionnement posent au gouvernement des défis tout aussi importants :

- *Les nouvelles connaissances élargissent nos capacités.* Les gouvernements doivent bien comprendre les capacités que créent les nouvelles technologies et savoir ce que l'on sait de leurs incidences générales sur la population, les collectivités et l'environnement. Cette compréhension est nécessaire à l'élaboration d'une bonne politique publique.
- *Le rythme de l'innovation s'accélère.* Les gouvernements doivent répondre, en temps opportun, à une demande accrue d'innovations (par ex., les toutes dernières découvertes médicales), tout en garantissant l'efficacité et la sécurité de ces innovations.
- *La mondialisation pose des problèmes et offre des possibilités sur de nombreux fronts.* Devant la quantité de produits et de services qui entrent sur le marché canadien, la capacité du gouvernement de répondre aux besoins du public et des entreprises est limitée. La course aux investissements et aux personnes hautement qualifiées oblige les gouvernements à se faire concurrence dans des domaines tels que la fiscalité, la qualité de la main-d'œuvre, les soins de santé et la qualité de vie communautaire. Entre-temps, des défis mondiaux, comme le changement climatique et la lutte contre les maladies, exigent une coopération internationale accrue entre gouvernements.

INTENDANCE : LA PROTECTION DE L'INTÉRÊT PUBLIC

Protéger et promouvoir l'intérêt public est une des plus grandes responsabilités du gouvernement. Pour s'en acquitter, celui-ci dispose notamment de lois, de règlements, de codes et de normes. Il pourrait également utiliser de nouveaux instruments économiques tels que des permis d'émissions échangeables. Ensemble, ces instruments d'intendance aident les gouvernements à répondre aux préoccupations en ce qui concerne la santé, l'environnement, la sécurité et la protection de la vie privée. Ils offrent aussi des orientations qui guident la conduite des secteurs public et privé.

Les politiques publiques sont de plus en plus éclairées et déterminées par les progrès scientifiques et technologiques. En effet, il n'est guère de domaine où ceux-ci ne jouent un rôle, soit parce que le public s'inquiète, soit parce qu'ils représentent une solution possible à des problèmes urgents. L'innovation élargit nos capacités et nous permet de faire des choses que nous ne pouvions faire auparavant. La bonne intendance consiste à garantir une utilisation avisée, sûre et équitable de ces capacités.

Exemples de régimes d'intendance

- *Salubrité des aliments*
- *Approbation des médicaments*
- *Protection de l'environnement*
- *Droits de propriété intellectuelle*
- *Réglementation de la propriété et de l'investissement étrangers*
- *Politique de la concurrence*

L'intendance à l'œuvre : le Programme de neutralisation des eaux de drainage dans l'environnement minier (NEDEM)

Les gouvernements, le secteur privé et des universitaires travaillent de concert à la réduction des drainages acides issus des déchets miniers, problème le plus important auquel se heurte l'industrie minière canadienne aujourd'hui. Depuis sa mise en place, le NEDEM a permis de diminuer de 400 millions de dollars au moins les dommages à l'environnement dus aux drainages acides, tout en améliorant l'état de l'environnement à l'échelle locale.

Le Canada a toujours favorisé l'innovation tout en protégeant l'intérêt public. Nous devons, cependant, être prêts à relever les défis que les nouvelles découvertes scientifiques constitueront pour notre capacité d'intendance.

Sur l'avis du Conseil d'experts en sciences et en technologie, le gouvernement du Canada met en œuvre les principes et lignes directrices recommandés afin de garantir le bon usage des sciences et de la technologie dans les processus décisionnels. Voici les éléments clés du cadre proposé[31] :

Repérage rapide des problèmes — Prévoir les problèmes que les nouvelles connaissances peuvent poser sur le plan des politiques publiques.

Globalité — Demander conseil aux représentants de nombreuses disciplines, de tous les secteurs et, si nécessaire, de sources internationales.

Connaissances et conseils scientifiques solides — Faire preuve de diligence afin de s'assurer que les conseils donnés sont fiables, intègres et de qualité.

Transparence — Veiller à ce que les processus soient transparents et à ce que les intervenants et le public soient consultés.

Examen — S'assurer que les régimes de intendance s'adaptent aux nouvelles connaissances.

31. Gouvernement du Canada, *Cadre applicable aux avis en matière de sciences et de technologie : Principes et lignes directrices pour une utilisation efficace des avis relatifs aux sciences et à la technologie dans le processus décisionnel du gouvernement*, Ottawa, 2000.

Photo reproduite avec la permission d'Agriculture et Agroalimentaire Canada

La plupart des pays développés ont chargé des organes indépendants de préciser ce que l'on sait des incidences possibles des découvertes scientifiques et technologiques (par ex., la Royal Society au Royaume-Uni, l'Académie des sciences en France, et les National Academies aux États-Unis). Ceux-ci émettent des avis pondérés et informés quant à la voie à suivre. Les évaluations, fondées sur une approche multidisciplinaire, sont ouvertes à tous les intervenants.

Au Canada, beaucoup d'organismes, comme la Société royale du Canada, le Conseil consultatif des sciences et de la technologie, et le Comité consultatif canadien de la biotechnologie, fournissent des conseils éclairés en se fondant sur les connaissances aussi vastes que variées de leurs membres. Cependant, le Canada est un des rares pays industrialisés qui ne se soit pas doté d'une organisation nationale représentant toute la gamme des intérêts scientifiques et technologiques. En créant une telle organisation, les gouvernements pourraient demander à des experts d'évaluer la science qui sous-tend de nouveaux enjeux et des questions d'intérêt public.

La plupart des pays sont confrontés à des problèmes d'intendance similaires. Ils doivent réglementer pratiquement les mêmes produits. Ils connaissent les mêmes difficultés en ce qui concerne la protection des renseignements personnels et le contenu illégal dans Internet. Ils doivent tous protéger leur population et leurs produits agricoles contre des maladies qui, souvent, se répandent rapidement dans le monde entier. De plus en plus, ils cherchent des solutions communes à ces défis d'intendance.

La Commission européenne proposera *de centraliser davantage l'approbation des médicaments, ce qui signifie qu'un plus grand nombre de nouveaux produits seront soumis à l'Agence européenne pour l'évaluation des médicaments, qui a son siège à Londres. La Commission demandera également de pouvoir utiliser une procédure d'approbation accélérée pour les médicaments destinés à traiter des maladies pour lesquelles on manque de traitements.*

Source : *Financial Times*, 18 juillet 2001

Le Canada peut tirer des enseignements des pratiques d'autres pays et les adapter à sa propre situation. Il pourrait renforcer ses politiques d'intendance pour répondre aux nouveaux enjeux en procédant à des analyses comparatives poussées avec celles de ses principaux concurrents étrangers. Il peut également participer à des partenariats internationaux afin de partager avec d'autres pays la recherche scientifique et les analyses relatives à des questions de réglementation communes.

Des examens systématiques de nos régimes d'intendance, par des spécialistes, permettraient au Canada de profiter de la sagesse collective de spécialistes du monde entier, de tirer les leçons de l'expérience de pays étrangers et, le cas échéant, d'élaborer des approches communes pour des problèmes communs. En évaluant rigoureusement les régimes d'intendance du Canada, nous pourrions élargir nos options et réaliser nos futurs objectifs sociaux dans des conditions de gestion et d'application optimales. En définitive, le but reste le même : veiller sur la santé et la sécurité des Canadiens.

Il est essentiel, pour encourager l'investissement et l'innovation, que le régime fiscal des entreprises soit concurrentiel. Or, le régime canadien sera bientôt l'un des plus compétitifs du monde à cet égard. D'ici 2005, le taux moyen général d'imposition des entreprises au Canada sera de plus de 5 p. 100 inférieur au taux moyen américain (graphique 18). Les politiques fiscales du Canada aident les entreprises à développer et à adopter des technologies de pointe et à conserver leur avance sur leurs principaux concurrents.

Les faibles taux d'impôt sur les sociétés, les faibles taux d'inclusion des gains en capital, le traitement favorable des options d'achat d'actions accordées aux employés, les dispositions spéciales relatives aux petites entreprises (y compris le roulement des gains en capital sur des

L'avantage fiscal canadien pour les entreprises

- ***Grandes et moyennes entreprises*** *: D'ici 2005, le taux moyen de l'impôt sur les sociétés au Canada sera inférieur de 5 p. 100 au taux moyen des États-Unis.*
- ***Petites entreprises*** *: Les taux d'impôt sur les sociétés sont sensiblement inférieurs au Canada pour des revenus supérieurs à 75 000 $.*
- ***Gains en capital*** *: En moyenne, le taux d'imposition supérieur des gains en capital est de 2 p. 100 inférieur au Canada à ce qu'il est généralement aux États-Unis. L'exemption à vie de 500 000 $ sur les gains en capital pour les actions des petites entreprises n'a pas d'équivalent aux États-Unis.*
- ***Recherche-développement*** *: Crédit d'impôt de 20 p. 100 pour la R-D au Canada pour toutes les dépenses de R-D, comparé à 20 p. 100 de crédit d'impôt aux États-Unis qui ne s'applique qu'à la R-D supplémentaire. Le crédit d'impôt remboursable de 35 p. 100 qui est offert aux petites sociétés fermées sous contrôle canadien n'a pas d'équivalent aux États-Unis.*

Graphique 18 Taux de l'impôt sur le revenu et sur le capital des sociétés au Canada et aux États-Unis

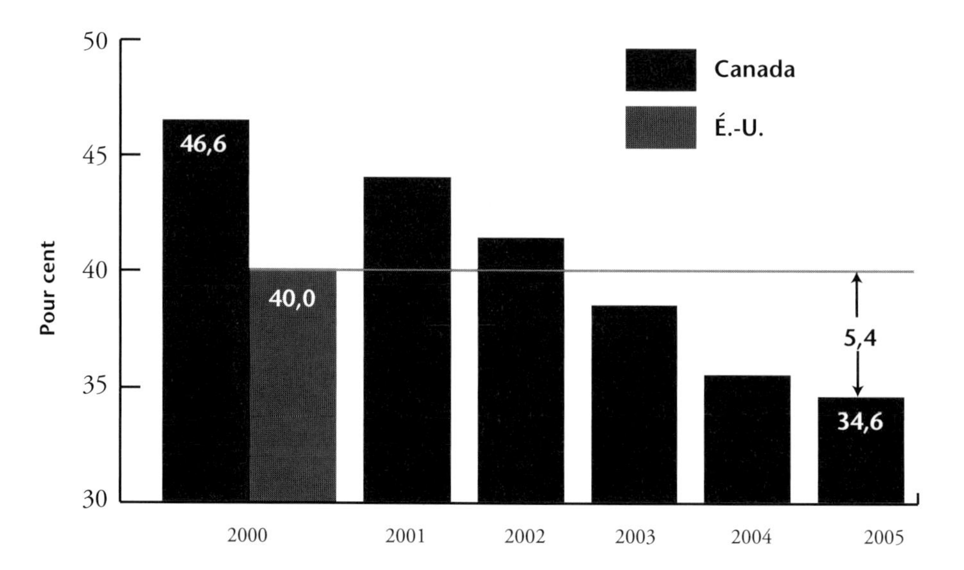

Note : Les taux se fondent sur les changements annoncés jusqu'en décembre 2001. Ils comprennent l'équivalent, en taux de l'impôt sur le revenu, des taux de l'impôt sur le capital.

Source : Ministère des Finances, *Budget de 2001*, 2001.

investissements dans des petites entreprises lorsque les produits sont réinvestis dans des petites entreprises) incitent à investir dans l'innovation. Le traitement fiscal du Canada à l'égard des dépenses de R-D est l'un des plus généreux des pays de l'OCDE. Ces caractéristiques de son régime fiscal des entreprises confèrent au Canada un avantage commercial sur son principal concurrent, à savoir les États-Unis.

L'impôt sur le revenu des particuliers aide également beaucoup les entreprises à attirer et à retenir des dirigeants, des chercheurs et d'autres personnes hautement qualifiées, qu'ils soient originaires du Canada ou d'ailleurs. Le plan de réduction des impôts du gouvernement, qui réduira l'impôt sur le revenu de 21 p. 100 en moyenne d'ici 2004-2005, aide à offrir un environnement plus favorable à cet égard.

Des politiques fiscales judicieuses contribuent aussi à rendre le Canada plus attrayant pour les investisseurs internationaux, ce qui est important pour être considéré comme un « endroit idéal » où investir en Amérique du Nord.

FAIRE CONNAÎTRE LE CANADA À L'ÉTRANGER

Le milieu de l'innovation canadien s'améliorera si nous atteignons les objectifs et prenons les initiatives énoncés dans le présent document. Cependant, il ne suffit pas de réunir et de garder des atouts pour innover avec succès. Dans l'économie mondiale, les investisseurs et les personnes hautement qualifiées doivent savoir que le Canada encourage et récompense l'innovation et la prise de risques. Ils doivent être convaincus qu'ils peuvent y atteindre leurs objectifs.

Graphique 19 Intentions d'investissement des grandes multinationales

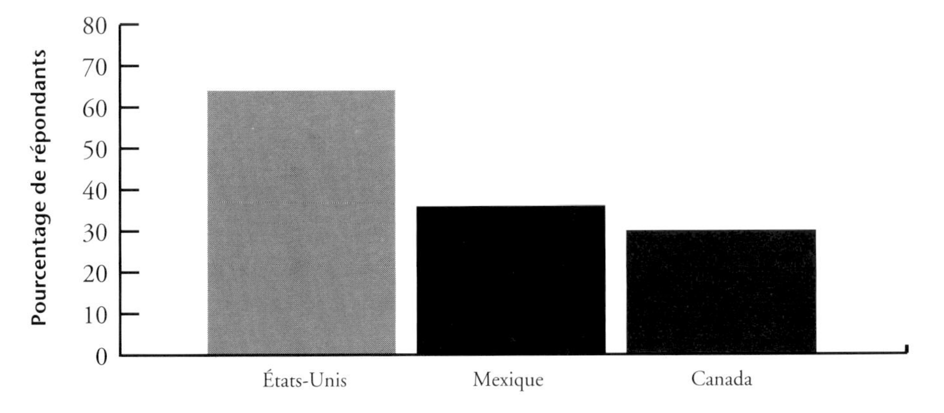

Source : Global Business Policy Council, *FDI Confidence Index*, A.T. Kearney, Inc., vol. 2, nº 1, juin 1999.

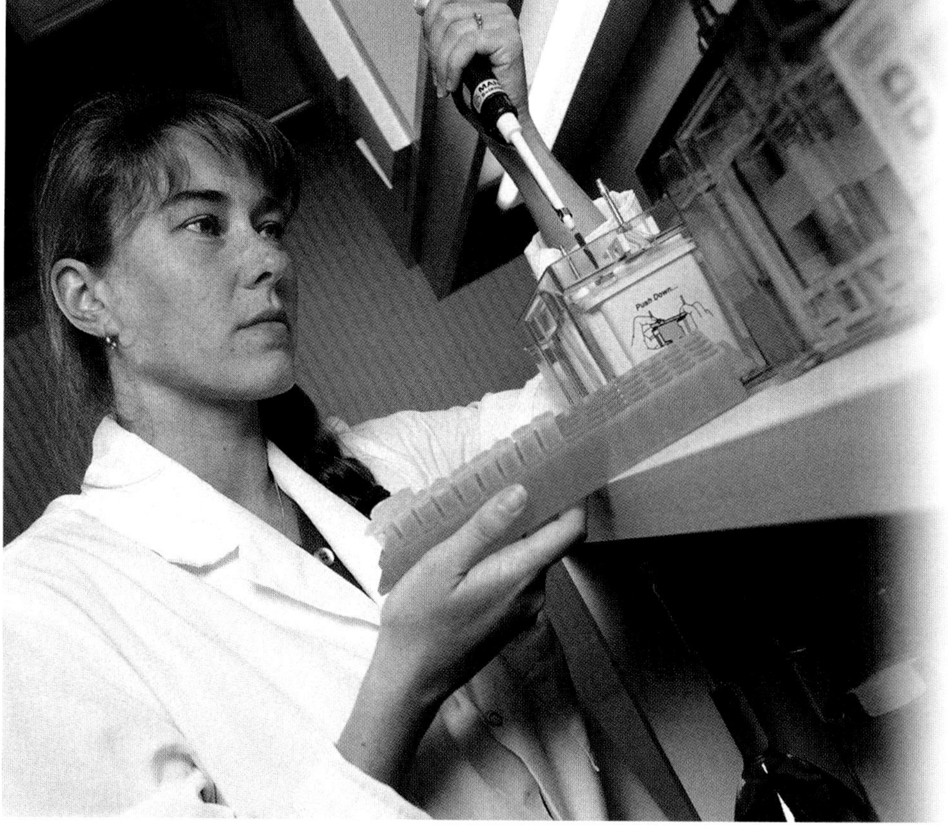

Les investisseurs étrangers considèrent généralement le Canada comme un pays où il est intéressant d'investir, mais souvent d'autres lieux d'investissement leur laissent une impression plus favorable (graphique 19).

Des campagnes menées pour mieux faire connaître le Canada peuvent donner aux investisseurs et aux personnes hautement qualifiées une meilleure image du pays en leur montrant les avantages qu'il offre. En faisant mieux connaître le Canada, nous obtiendrons plus facilement la reconnaissance internationale nécessaire pour que le pays soit considéré comme un des pays les plus novateurs au monde.

Relever le défi du milieu de l'innovation

La capacité d'innover du Canada dépend de la confiance du public dans la sécurité et l'efficacité des nouveaux produits et dans des régimes de réglementation stables et prévisibles. Avec les bons régimes d'intendance et les bonnes politiques d'encadrement du marché, l'innovation progressera et apportera des solutions à bien des problèmes du XXIe siècle, de même que les richesses nécessaires pour parvenir à ces solutions. Le Canada doit être reconnu à l'échelle internationale comme étant un pays novateur, afin qu'il attire les talents et les capitaux nécessaires pour renforcer une croissance constante.

OBJECTIFS, CIBLES ET PRIORITÉS

Les objectifs, cibles et priorités fédérales qui sont proposés aideraient à faire en sorte que les Canadiens adoptent plus volontiers les innovations, encourageraient les entreprises à investir dans des innovations et permettraient d'attirer les personnes et les capitaux dont dépend l'innovation.

OBJECTIFS

- S'attaquer à tout problème avant que la confiance du public et des entreprises ne se détériore.
- Faire en sorte que les régimes d'intendance du Canada et ses politiques d'encadrement du marché soient de calibre mondial.
- Améliorer les mesures d'incitation à l'innovation.
- Veiller à ce que le Canada soit reconnu comme étant à l'avant-garde des pays novateurs.

CIBLES

- D'ici 2004, mettre pleinement en œuvre les lignes directrices du Conseil d'experts en sciences et en technologie afin de s'assurer de la bonne utilisation des sciences et de la technologie dans le processus décisionnel gouvernemental.
- D'ici 2010, faire en sorte que des experts canadiens mènent à bien l'examen systématique des régimes d'intendance les plus importants du Canada.
- Faire en sorte que le régime fiscal des entreprises du Canada reste concurrentiel par rapport à celui des autres pays du G-7.
- D'ici 2005, améliorer sensiblement le classement du Canada dans les enquêtes sur les intentions d'investissement internationales.

PRIORITÉS DU GOUVERNEMENT DU CANADA

1. Veiller à l'efficacité du processus décisionnel concernant les politiques et priorités réglementaires actuelles et nouvelles.

Priorité : Pour profiter des meilleurs conseils scientifiques du pays, protéger l'intérêt public et promouvoir l'innovation, le gouvernement du Canada envisagera les initiatives suivantes :

- Appuyer une académie canadienne des sciences, organisme indépendant sans but lucratif, afin de renforcer la contribution des organisations scientifiques canadiennes existantes. L'académie pourrait être une source d'évaluations spécialisées, fiables et indépendantes des sciences qui sous-tendent de *nouvelles* questions urgentes et d'intérêt public. Elle aiderait le public, le gouvernement et les entreprises à prendre des décisions éclairées. De plus, elle diffuserait largement les résultats de ses évaluations.
- Demander à des experts d'entreprendre des examens systématiques des régimes d'intendance *existants*, avec des analyses comparatives et une collaboration internationales au sujet des défis communs. Les nouveaux investissements dans les sciences gouvernementales (priorité 2, section 5) renforceront encore les politiques d'intendance du Canada.

2. Veiller à ce que le régime fiscal des entreprises du Canada soit concurrentiel à l'échelle internationale.

Priorité : Travailler en collaboration avec les provinces et les territoires afin de s'assurer que les régimes fiscaux fédéral, provinciaux et territoriaux du Canada encouragent et appuient l'innovation.

3. Faire connaître le Canada comme lieu de travail et d'investissement idéal.

Priorité : Le gouvernement du Canada s'est engagé à lancer une stratégie soutenue pour faire connaître le Canada comme un endroit idéal pour l'investissement. Cette stratégie pourrait inclure des missions d'Équipe Canada pour l'investissement et des activités promotionnelles ciblées. Le Canada peut attirer des investisseurs internationaux et des personnes hautement qualifiées en vantant sa main-d'œuvre très instruite et hautement compétente, ses filières d'entreprises novatrices et ses établissements de recherche, ses politiques fiscales, son esprit d'entreprise, ainsi que la qualité de vie dans les collectivités partout au pays.

Un des paradoxes de l'économie mondiale du savoir, c'est que les sources d'avantage concurrentiel se trouvent généralement à l'échelle locale. Dans tout le Canada, collectivités et régions utilisent leurs connaissances pour créer des valeurs économiques, et c'est dans les collectivités que les éléments du système d'innovation national se regroupent.

Dans le passé, l'économie canadienne reposait principalement sur les ressources naturelles et la fabrication, ce qui avantageait les collectivités situées à proximité des ressources naturelles ou des marchés importants. Dans l'économie du savoir, les actifs clés dépendent moins de l'emplacement géographique. Les connaissances et les compétences peuvent s'acquérir et être exploitées partout. Les collectivités peuvent attirer l'investissement et contribuer à la croissance en créant une masse critique d'entrepreneuriat et de capacités novatrices. En coordonnant leurs efforts, les gouvernements fédéral, provinciaux et territoriaux ainsi que les administrations municipales peuvent travailler en collaboration avec le secteur privé, le milieu universitaire et le secteur bénévole afin de libérer tout le potentiel des collectivités dans l'ensemble du pays.

GRANDS CENTRES URBAINS

L'innovation fleurit dans les filières industrielles, qui sont des centres de croissance concurrentiels à l'échelle internationale. Elles ont en commun la présence d'un ou de plusieurs établissements qui se consacrent à la R-D, qu'il s'agisse d'universités, de collèges, d'établissements techniques, d'hôpitaux de recherche, de laboratoires gouvernementaux ou d'installations du secteur privé. Les filières florissantes reposent sur une base d'entreprises dynamiques, constituées en réseaux et interdépendantes. Elles accélèrent le rythme de l'innovation, attirent l'investissement, stimulent la création d'emplois et créent des richesses.

Le Canada possède plusieurs filières qui en sont à divers stades de maturité. Une filière industrielle peut être régionale (par ex., le vin dans la région de Niagara), avoir une réputation mondiale (par ex., l'aérospatiale à Montréal), être unique à une région (par ex., la biotechnologie agricole à Saskatoon), être interrégionale (par ex., les technologies de l'information et des communications à Ottawa, à Toronto et à Kitchener-Waterloo), être établie depuis fort longtemps (par ex., les services financiers à Toronto), ou être

LES SOURCES D'AVANTAGE CONCURRENTIEL SONT LOCALES

Une filière canadienne bien établie

Toronto et, tout près, Kitchener-Waterloo forment une filière technologique qui regroupe six universités de recherche. Le programme de génie électrique de l'Université de Toronto se classe quatrième en Amérique du Nord et son programme de génie informatique, cinquième. À elle seule, l'Université de Waterloo est une source importante de spécialistes de la technologie de l'information en Amérique du Nord. Profitant de ce bassin de talents, la filière Toronto–Kitchener-Waterloo est devenue un grand centre de technologies de l'information et des communications, qui compte plus de 2 000 entreprises employant, au total, plus de 100 000 personnes.

Une nouvelle filière canadienne

La filière spécialisée dans la biotechnologie agricole de Saskatoon profite des atouts qu'offrent l'Université de la Saskatchewan et les organismes fédéraux et provinciaux installés au parc de recherche industrielle Innovation Place ou à proximité de celui-ci. La R-D est à l'origine d'innovations qui ont des applications importantes en agriculture, en environnement, dans la santé et dans les transports. Les 2 000 employés des 100 organismes d'Innovation Place rapportent plus de 195 millions de dollars par an à l'économie de Saskatoon.

toute nouvelle (par ex., le commerce électronique dans le Canada atlantique).

Plusieurs universités canadiennes contribuent beaucoup à la recherche qui alimente le développement de filières dans leur région. Le gouvernement du Canada, y compris le Conseil national de recherches du Canada, joue également un rôle clé en ceci qu'il travaille en collaboration avec le secteur privé afin de stimuler la croissance des filières. Des investissements ont été consentis en Nouvelle-Écosse (sciences de la vie, technologies de l'information), au Nouveau-Brunswick (commerce électronique) et à Terre-Neuve-et-Labrador (technologie océanologique). Le budget de 2001 annonçait de nouveaux investissements destinés à encourager la formation de filières au Québec (technologies de pointe appliquées à l'aluminium), en Alberta (nanotechnologie), en Saskatchewan (cultures pour une meilleure santé humaine), en Colombie-Britannique (technologie des piles à combustible), ainsi que des initiatives en Ontario et au Manitoba.

Former des filières est une entreprise longue et complexe, qui exige au départ une masse critique unique de ressources communautaires de même que l'engagement de nombreux intervenants et de champions locaux. Parmi les ingrédients du succès, mentionnons les suivants :

- capacité de pointe en R-D;
- infrastructure qui favorise l'échange de connaissances;
- capacité qui favorise le transfert de technologie;
- personnes hautement qualifiées, y compris des entrepreneurs, des créateurs et des gestionnaires solides;
- sources bien informées de capital-risque ou de capitaux de placement;
- parcs de recherche industrielle, incubateurs d'entreprises et autres installations de recherche reposant sur des partenariats;
- mentors capables d'encadrer les nouvelles entreprises et possédant de solides capacités en gestion ainsi qu'un esprit d'entreprise;
- partenariats à de nombreux niveaux;
- contributions complémentaires du gouvernement, des universités et des industries.

Le Canada peut faire beaucoup plus pour stimuler la création de nouvelles filières de tout premier ordre. Les gouvernements doivent reconnaître les premiers signes de l'émergence de filières et à fournir l'appui communautaire pertinent. Chaque filière et collectivité d'accueil a ses points forts et ses problèmes.

Les Premières nations et l'innovation

Sixdion Inc. a été fondée en 1996 par les Six Nations de Grand River. Elle est la seule entreprise de technologie de l'information située dans une Première nation canadienne à avoir obtenu la certification ISO 9002. Son installation de production implantée dans le sud-ouest de l'Ontario a fait l'objet d'une préparation, d'une formation et d'un processus d'examen rigoureux pour satisfaire à cette norme de contrôle de la qualité. Sixdion offre des services de gestion de l'information à un certain nombre de clients, dont le ministère de la Défense nationale. Elle tient à s'améliorer constamment et à satisfaire aux normes internationales pour le bien de ses clients et de ses employés.

Le défi pour les gouvernements consiste à fournir le bon appui, au bon moment, pour créer les conditions propices à une croissance durable. Cet appui prend souvent la forme d'infrastructures qui soutiennent l'éducation, la formation, le réseautage et la recherche, dont les retombées sont évidentes mais qui ne peuvent être assurées par le secteur privé.

DES COLLECTIVITÉS PLUS NOVATRICES

On ne devrait pas estimer que l'innovation est l'apanage des grands centres urbains. Beaucoup de collectivités, y compris des collectivités rurales et autochtones, possèdent des connaissances et des ressources entrepreneuriales importantes. Il se peut, cependant, qu'il leur manque les réseaux, l'infrastructure, les capitaux d'investissement ou la vision commune nécessaires pour profiter pleinement de leur potentiel sur le plan de l'innovation. C'est pour relever ce genre de défis que le gouvernement du Canada a lancé le programme des Sociétés d'aide au développement des collectivités, divers programmes d'organismes de développement régional, le Plan d'investissement communautaire du Canada et Collectivités ingénieuses.

En 1995, le gouvernement du Canada a pressenti qu'il était important de mettre le potentiel d'Internet au service de la société canadienne. Fort des conseils du Comité consultatif sur l'autoroute de l'information, il a élaboré une vision nationale appelée Un Canada branché, stratégie destinée à rendre l'infrastructure de l'information et du savoir accessible à tous les Canadiens. Six ans plus tard, le Canada est reconnu comme étant un chef de file mondial en matière de connectivité.

Le Canada est bien placé pour échanger des connaissances dans l'ensemble de son économie et de sa société. Il se classe au deuxième rang pour ce qui est de la connectivité en général, seuls les États-Unis le surpassant. Il possède une des infrastructures de télécommunications les plus avancées du monde, ce qui lui permet d'offrir un choix considérable aux consommateurs. Il propose aussi des prix qui sont parmi les plus bas du monde, et ses taux d'adhésion aux services de base et de pointe, comme le service Internet à haute vitesse, figurent parmi les plus élevés. Par exemple, le coût d'accès à Internet y est parmi les plus faibles au monde et, d'après l'OCDE, le Canada a le taux de pénétration des communications à large bande le plus élevé des pays du G-7[32].

En l'an 2000, le gouvernement a créé le programme Infrastructures Canada et le Programme stratégique d'infrastructure routière, afin d'appuyer la croissance de la nation et la qualité de vie des collectivités de toutes les régions du pays. Le budget de 2001 reconnaissait la nécessité d'un appui supplémentaire aux infrastructures communautaires. Le gouvernement du Canada a annoncé la création de la Fondation pour l'infrastructure stratégique et a engagé au moins deux milliards de dollars afin d'appuyer des projets dans divers domaines, dont la voirie, le transport urbain et le traitement des eaux usées. Les investissements dans l'infrastructure rendront les collectivités

32. OCDE, DSTI/PIIC/PTSI, *The Development of Broadband Access in OECD Countries*, 2001/2.

Réalisations du Canada en ce qui concerne l'autoroute de l'information

Le Canada a :

- *relié toutes ses écoles et ses bibliothèques à Internet;*
- *branché plus de 10 000 organismes bénévoles à Internet;*
- *livré quelque 300 000 ordinateurs aux écoles;*
- *créé CA*net 3, le réseau de base Internet le plus rapide du monde;*
- *lancé 12 sites du programme Collectivités ingénieuses dans tout le Canada;*
- *lancé la voie géographique sur Internet grâce au site GeoConnexions;*
- *donné aux Canadiens un accès abordable à Internet par l'intermédiaire de ses 8 800 centres d'accès communautaires installés dans plus de 3 800 collectivités d'ici le 31 mars 2002.*

plus productrices et plus concurrentielles à long terme.

Dans tout le pays, des collectivités restent cependant confrontées à des obstacles à l'innovation. Dans de nombreuses collectivités, les entreprises peuvent contribuer davantage à l'innovation et, ce faisant, améliorer le niveau et la qualité de vie locale. Les dirigeants communautaires doivent mobiliser les intervenants — entreprises, administrations locales, universités, collèges et organismes bénévoles —, afin d'élaborer des stratégies d'innovation et de profiter des ressources en connaissances locales pour le bien de la collectivité. Les collectivités doivent pouvoir accéder aux programmes gouvernementaux existants, et à de nouveaux investissements, afin de mettre en œuvre leurs stratégies et de soutenir davantage le renforcement de leur capacité locale.

Dans le cadre de cet effort, le Canada a une occasion unique d'accroître sa capacité d'échanger des connaissances, de constituer de nouveaux réseaux locaux et virtuels, de mettre au point de nouvelles applications et de faire en sorte que les Canadiens aient plus facilement accès aux avantages de l'économie du savoir. Le Groupe de travail national sur les services à large bande a fait remarquer que 75 p. 100 des Canadiens, mais seulement 20 p. 100 des collectivités, ont accès à des réseaux informatiques à haute vitesse[33]. Il a recommandé que tous les Canadiens puissent y avoir accès, étant donné les avantages socioéconomiques qu'ils recèlent (commerce électronique, santé, éducation, services gouvernementaux en ligne, etc.).

Les gouvernements doivent travailler en collaboration avec le secteur privé afin de s'assurer que tous les Canadiens, qu'ils vivent dans des collectivités urbaines ou rurales, puissent profiter de ces progrès. Les collectivités rurales, autochtones et éloignées ont davantage besoin des communications à large bande que bien d'autres collectivités pour combler les retards qu'elles accusent sur le plan de l'emploi, du commerce, de l'apprentissage, de la culture et des soins de santé. Les communications à large bande fourniront l'infrastructure nécessaire pour mettre au point et offrir des applications et des services de pointe qui auront de plus grandes retombées socioéconomiques sur ces collectivités.

33. Groupe de travail national sur les services à large bande, *Le nouveau rêve national — Réseautage des pays pour l'accès aux services à large bande*, 2001.

Le leadership provincial sur les communications à large bande

Beaucoup de provinces et territoires reconnaissent l'importance de l'accès à Internet à large bande. Alberta SuperNet fournit une connexion de réseau et à Internet à haute vitesse à prix abordable à tous les conseils scolaires, universités, bibliothèques, hôpitaux, édifices du gouvernement provincial et autorités sanitaires régionales de la province. L'Ontario branché investira dans des initiatives de vaste partenariat afin de créer un réseau de haute technologie reliant 50 Collectivités ingénieuses ontariennes d'ici 2005. Connect Yukon est un partenariat entre le gouvernement du Yukon et NorthWestel qui vise à développer les télécommunications sur le territoire. SmartLabrador travaille actuellement en collaboration avec le gouvernement fédéral pour créer 21 télécentres utilisant les communications sans fil ou par satellite.

OBJECTIFS, CIBLES ET PRIORITÉS

Les objectifs, cibles et priorités fédérales qui sont proposés aideraient le Canada à former plus de filières de compétences de tout premier ordre et à permettre à plus de collectivités du pays tout entier de contribuer à l'innovation et d'en profiter.

OBJECTIFS

- Les gouvernements doivent travailler de concert pour stimuler la création de nouvelles filières d'innovation à l'échelle des collectivités.
- Les gouvernements fédéral, provinciaux et territoriaux ainsi que les administrations municipales doivent coopérer et accroître leurs efforts afin de libérer tout le potentiel d'innovation des collectivités canadiennes. Les efforts doivent être guidés par des évaluations communautaires des faiblesses, des possibilités et des atouts locaux.

CIBLES

- D'ici 2010, former au moins 10 filières technologiques reconnues à l'échelle internationale.
- D'ici 2010, nettement améliorer la performance des collectivités canadiennes sur le plan de l'innovation.
- D'ici 2005, veiller à ce que les communications à large bande à haute vitesse soient généralement accessibles aux collectivités canadiennes.

PRIORITÉS DU GOUVERNEMENT DU CANADA

1. **Appuyer la formation de filières industrielles concurrentielles à l'échelle internationale.**

   Priorité : Le gouvernement du Canada accélérera les consultations communautaires en cours afin de former des filières technologiques dans des domaines où le Canada peut réunir des compétences de calibre international, de cerner d'autres possibilités et de créer de nouvelles filières. Le gouvernement investira dans l'infrastructure, la recherche et les partenariats multilatéraux nécessaires pour réaliser le potentiel du Canada afin que celui-ci soit concurrentiel sur le plan international dans des domaines tels que la biopharmacie, la photonique, la

nanotechnologie, la sécurité des réseaux, les calculs à haute vitesse, les technologies de diagnostic médical, les nutraceutiques, la technologie des piles à combustible, la génomique fonctionnelle, la protéomique et les technologies océaniques et marines. Le budget fédéral de 2001 annonçait une contribution importante à cet effort. Le gouvernement du Canada versera en effet 110 millions de dollars supplémentaires sur trois ans pour les technologies de pointe et pour élargir l'initiative régionale du Conseil national de recherches du Canada relative à l'innovation.

2. **Renforcer la performance des collectivités sur le plan de l'innovation.**

   Priorité A : Le gouvernement du Canada envisagera de fournir des fonds à des collectivités pour leur permettre d'élaborer des stratégies d'innovation correspondant à leur situation particulière. Ces collectivités devront inviter des chefs de file locaux du milieu universitaire et des secteurs public et privé à participer à la formulation de leur stratégie d'innovation. Elles devront déjà avoir une base sur le plan de l'innovation (par ex., une université, un collège communautaire, un hôpital de recherche, un établissement technique ou une installation gouvernementale) qui servira de point de départ. D'autres ressources, tirées de programmes nouveaux ou existants, pourraient être fournies pour mettre en œuvre des stratégies d'innovation communautaires fructueuses (par ex., pour appuyer des réseaux d'entreprises, un financement local, l'acquisition de compétences, l'infrastructure).

   Priorité B : Dans le cadre de cet effort, le gouvernement du Canada travaillera en collaboration avec l'industrie, les provinces et les territoires, les collectivités et le public afin que le secteur privé mette en œuvre une solution qui permette de poursuivre le déploiement des communications à large bande, notamment dans les régions rurales et éloignées. Le budget de 2001 prévoit une enveloppe de 105 millions de dollars sur trois ans pour financer la réalisation de cet objectif.

Les objectifs que le Canada doit s'efforcer d'atteindre en matière d'innovation, et dont un certain nombre sont exposés dans le présent document, sont ambitieux, mais quantifiables. Aucune institution ou groupe d'intervenants ne peut les réaliser à lui seul. Les Canadiens doivent travailler de concert pour les atteindre, en s'appuyant sur leurs atouts et leurs réalisations.

Les petites, moyennes et grandes entreprises, les universités et collèges de tout le pays, les hôpitaux de recherche et les établissements techniques, les gouvernements provinciaux et territoriaux, les administrations municipales, les Premières nations, les collectivités urbaines et rurales, le secteur du bénévolat et les particuliers apportent une contribution importante à l'innovation. Les innovations au sein de ces diverses organisations peuvent contribuer à la création de richesses, à une meilleure intendance, à un meilleur gouvernement. Elles peuvent aussi aider à renforcer le tissu social. Leurs idées et leurs initiatives montrent combien il est important de respecter les atouts et les responsabilités de chacun. Leur diversité montre également qu'il est nécessaire de reconnaître et de comprendre l'éventail de situations sociales et économiques et de niveaux de compétence dont il faut tenir compte pour créer une culture de l'innovation dans tout le Canada. Le gouvernement du Canada invite donc les Canadiens à se demander comment ils peuvent mettre leurs idées, leurs ressources et leurs talents au service de l'innovation.

Durant les prochains mois, le gouvernement du Canada communiquera avec les gouvernements provinciaux et territoriaux et avec les intervenants du milieu universitaire et de celui des affaires afin d'élaborer une stratégie nationale de l'innovation. Il écoutera le point de vue des Canadiens sur les actions prioritaires qu'il propose. Si des obstacles et des contraintes surgissent, le gouvernement du Canada s'engage à travailler en collaboration avec tous les acteurs du système de l'innovation afin de les surmonter. Si de nouvelles voies de progrès sont suggérées, le gouvernement du Canada s'engage à les étudier attentivement. Si le gouvernement peut innover dans certains secteurs pour permettre à d'autres d'obtenir de meilleurs résultats, il le fera.

INVITATION À PASSER À L'ACTION

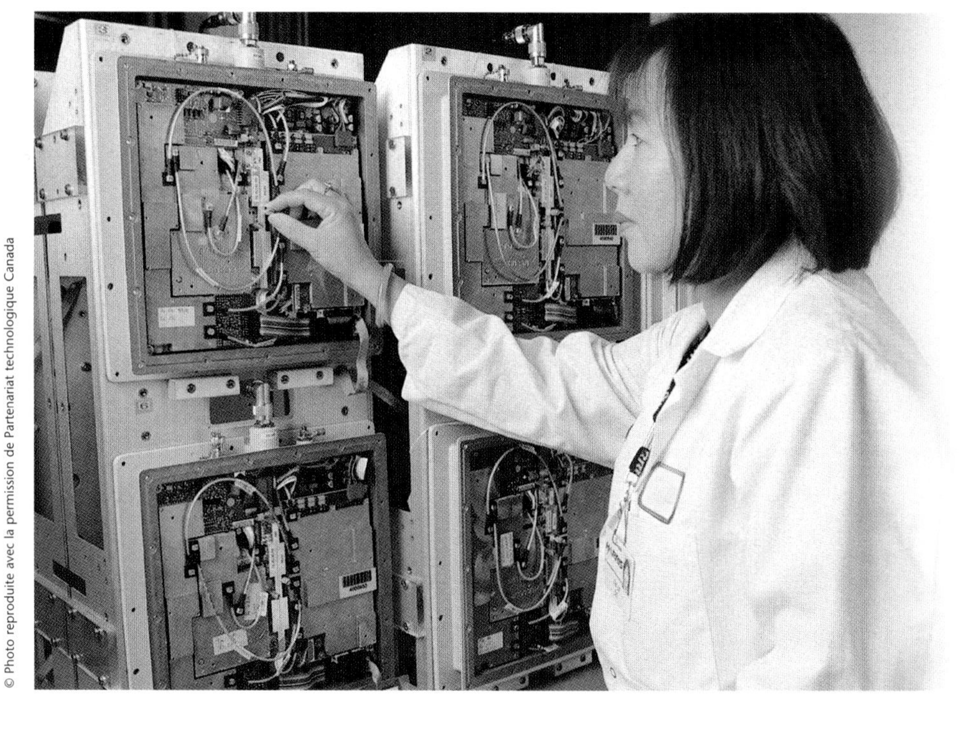

LES MILIEUX D'AFFAIRES

Les entreprises mettent des produits novateurs sur le marché, adoptent des pratiques d'avant-garde et appliquent les meilleures technologies. Le secteur privé est au cœur de l'innovation créatrice de richesses. Les gouvernements et les établissements d'enseignement apportent leur soutien en finançant des travaux de R-D et en en faisant eux-mêmes, en attirant et en formant la meilleure main-d'œuvre qui soit, en offrant des encouragements adéquats et en veillant à ce que les avantages qu'offre le Canada soient reconnus à l'échelle internationale.

Le gouvernement du Canada s'efforcera de définir des mesures prioritaires en collaboration avec les milieux d'affaires. Il est urgent que le secteur des entreprises :

- investisse davantage dans la R-D;
- accroisse la part des ventes du secteur privé attribuable à des innovations;
- innove dans tous les aspects des pratiques des entreprises, y compris la production, les méthodes administratives, la gestion, le financement et la commercialisation;
- mette au point au Canada de nouveaux produits et services pour les marchés mondiaux;
- accroisse les investissements de capital-risque au Canada;
- définisse les besoins essentiels en main-d'œuvre spécialisée;
- investisse dans l'apprentissage et aide les entreprises à devenir des organisations axées sur l'apprentissage;
- attire les meilleures personnes du monde entier;
- fasse connaître le Canada à l'étranger comme l'un des pays les plus novateurs au monde;
- forme des réseaux avec des universités, des collèges, des gouvernements et d'autres entreprises afin de constituer de nouvelles filières et de développer celles qui existent déjà, s'il existe des possibilités.

GOUVERNEMENTS PROVINCIAUX ET TERRITORIAUX

Pour que le Canada innove davantage, il faut qu'un plus grand nombre de gens puissent apprendre tout au long de leur carrière. Il faut augmenter les investissements publics dans notre base de recherche. Les universités ont besoin d'un appui solide de leur gouvernement provincial pour remplir leurs mandats communautaires et d'enseignement. Le milieu de l'innovation dans lequel évoluent les entreprises est créé par tous les ordres de gouvernement. Les politiques qui influent sur le milieu de l'innovation — intendance, impôts et promotion de l'investissement — devraient susciter la confiance du public et des entreprises.

Le gouvernement du Canada travaillera en collaboration avec les gouvernements provinciaux et territoriaux afin de renforcer les résultats obtenus à la réunion fructueuse des ministres fédéral, provinciaux et territoriaux responsables des sciences et de la technologie, tenue en septembre 2001. Les ministres ont convenu qu'il faut faire du Canada un des pays les plus novateurs au monde, tout en reconnaissant qu'il faudra adopter des approches différentes selon la région et que les efforts devront être soutenus. Nous respecterons les principes sur lesquels les ministres se sont entendus à cette réunion et nous chercherons des possibilités :

- d'accroître la coopération et la complémentarité des politiques, des programmes et des services, tout en respectant les domaines de compétence des autres gouvernements;
- d'attirer et de retenir des personnes hautement qualifiées venues du monde entier et de leur offrir des possibilités sérieuses;
- d'améliorer le milieu de l'innovation;
- de travailler de concert sur les meilleures pratiques en matière d'intendance afin de promouvoir l'innovation;
- de définir des objectifs complémentaires et quantifiables en matière d'innovation;
- d'améliorer la performance des collectivités sur le plan de l'innovation;
- de faciliter la bonne circulation des biens, des services et de la main-d'œuvre sur le marché canadien.

UNIVERSITÉS ET COLLÈGES

Le Canada dépend des universités et des collèges pour la recherche et la formation de personnes hautement qualifiées. Nous aurons besoin de plus de diplômés dans des disciplines de recherche (maîtrises et doctorats) et pas seulement de personnes issues de nos plus grandes universités. Peu d'universités excellent dans toutes les disciplines, mais elles doivent toutes atteindre l'excellence dans certaines. Les pressions à la spécialisation poussée s'accentueront avec la concurrence mondiale. Cela vaudra tout particulièrement pour les petites universités. Nos objectifs de recherche, qui reposent solidement sur un intérêt alimenté par la curiosité, doivent de plus en plus contribuer au bien-être économique et social des Canadiens.

Conscient du rôle des établissements d'enseignement dans le système d'innovation national, le gouvernement du Canada verra en quoi les universités, les collèges et les établissements de santé peuvent :

- maintenir, voire élargir, les capacités d'enseignement et de recherche, malgré les départs à la retraite qui s'annoncent dans le corps enseignant et la concurrence internationale qui s'accentue autour des talents;
- se spécialiser dans des créneaux de recherche afin de développer des compétences reconnues à l'échelle nationale et internationale;
- élargir le bassin de personnes hautement qualifiées possédant les compétences recherchées par les employeurs;
- tripler au moins les résultats clés en matière de commercialisation, ce qui supposera d'élaborer des stratégies et des politiques claires en ce qui concerne la protection de la propriété intellectuelle, plus d'efforts pour former des spécialistes des transferts de technologie, et des rapports réguliers sur les résultats de la commercialisation.

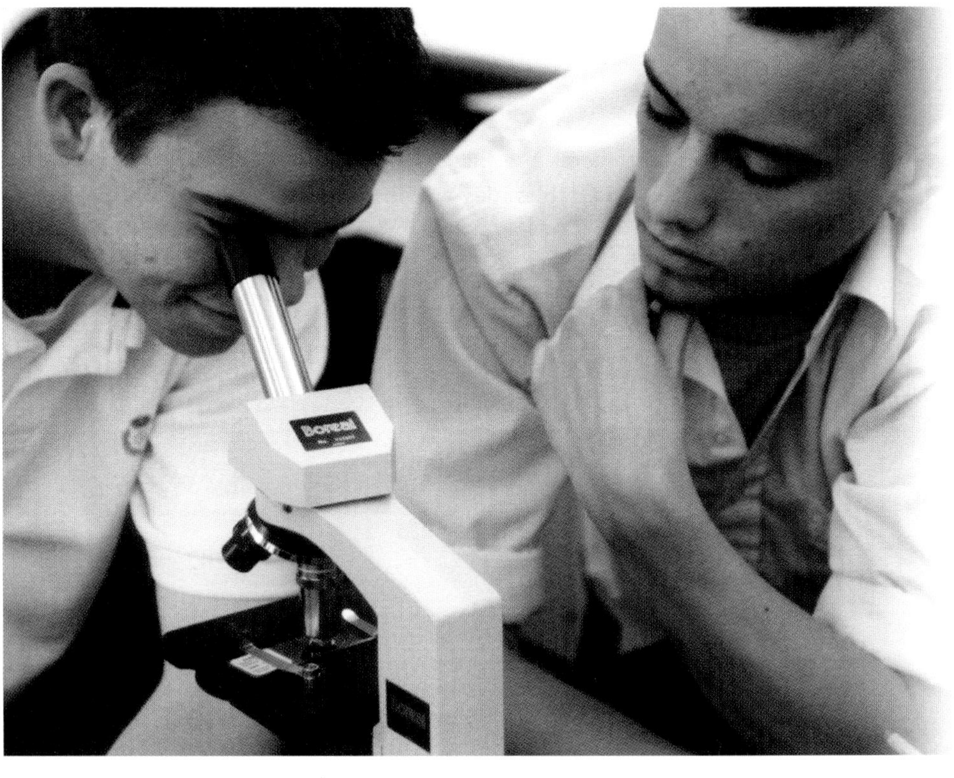

Atteindre l'excellence : investir dans les gens, le savoir et les possibilités décrit le contexte socioéconomique qui entoure l'innovation. Il propose d'examiner des objectifs afin d'améliorer la performance du pays sur le plan de l'innovation. Il expose brièvement les mesures que le gouvernement du Canada pourrait prendre pour les atteindre. Tout les intervenants contribuent beaucoup à l'innovation. Nous devons maintenant travailler de concert pour bâtir une économie qui compte parmi les plus novatrices du monde.

Dans un premier temps, le gouvernement du Canada a organisé et continuera d'organiser des entretiens avec les gouvernements provinciaux et territoriaux. Ces derniers contribuent beaucoup à l'effort général du Canada en matière d'innovation. Ce sont des alliés clés qui nous aideront à tenir notre engagement d'améliorer la performance du Canada sur le plan de l'innovation.

Le message de l'innovation doit sortir des sphères gouvernementales. Déjà, beaucoup de gens, dans les milieux universitaires et des affaires, ont conscience des défis du Canada sur le plan de l'innovation. Le gouvernement du Canada tient à communiquer avec ces parties intéressées et à participer activement avec elles à l'élaboration d'une stratégie nationale de l'innovation. Le gouvernement montrera également aux citoyens la place qu'ils occupent dans le programme de l'innovation et comment ils peuvent améliorer leur niveau de vie.

POUR UN CANADA PLUS NOVATEUR : LES PROCHAINES ÉTAPES

Photos reproduites avec la permission de : Rescol canadien, Conseil national de recherches du Canada, Hibernia Management and Development Company Ltd. et Toronto Tourism.

Nous devons suivre et évaluer continuellement notre performance sur le plan de l'innovation, tant dans l'absolu que par rapport à nos concurrents. Pour cela, le gouvernement du Canada élaborera, en collaboration avec les intervenants, un ensemble d'indicateurs, dont certains sont proposés dans le présent document. Ils seront suivis dans le temps et utilisés pour rendre compte aux Canadiens des progrès enregistrés.

Une économie solide, axée sur l'innovation, est nécessaire pour régler les problèmes de sécurité, relever les défis du changement climatique et autres enjeux mondiaux, améliorer la santé des Canadiens et offrir à tous des chances égales. Notre niveau de vie au cours de la prochaine décennie dépendra de notre capacité d'innover en tant qu'entreprises, gouvernements, établissements d'enseignement et de recherche, collectivités et organismes bénévoles.

Le Canada possède beaucoup d'atouts économiques, sociaux et culturels. De nombreuses possibilités s'offrent à nous. Le défi consiste maintenant à travailler de concert pour devenir l'un des pays les plus novateurs au monde et être considéré comme tel.

ATTEINDRE L'EXCELLENCE : INVESTIR DANS LES GENS, LE SAVOIR ET LES POSSIBILITÉS

Atteindre l'excellence : investir dans les gens, le savoir et les possibilités est un plan détaillé pour renforcer l'économie canadienne et la rendre plus concurrentielle. Il donne une évaluation de la performance du Canada en matière d'innovation et propose des cibles nationales afin de guider les Canadiens dans leurs efforts au cours des 10 prochaines années. Il cerne aussi plusieurs domaines où le gouvernement du Canada peut agir. Le document propose des objectifs et des cibles dans trois domaines clés : la performance sur le plan du savoir, les compétences et le milieu de l'innovation. Il propose également des objectifs et des cibles qui permettront de relever des défis à l'échelle des collectivités. De plus, le gouvernement du Canada a défini des priorités fédérales précises qui constitueront sa contribution à ce qui devra, en définitive, être un effort national soutenu.

LE DÉFI DE LA PERFORMANCE SUR LE PLAN DU SAVOIR

Le gouvernement du Canada propose les objectifs, les cibles et les priorités fédérales qui suivent pour aider plus d'entreprises à mettre au point et à commercialiser des innovations de pointe.

OBJECTIFS

- Augmenter considérablement l'investissement public et privé dans l'infrastructure du savoir afin d'améliorer la performance du Canada en matière de R-D.
- Faire en sorte qu'un nombre croissant d'entreprises bénéficient de l'application commerciale du savoir.

CIBLES

- D'ici 2010, se classer parmi les cinq premiers pays du monde en ce qui concerne la performance sur le plan de la R-D.
- D'ici 2010, au moins doubler les investissements actuels du gouvernement du Canada dans la R-D.
- D'ici 2010, se classer parmi les meilleurs au monde en part des ventes du secteur privé attribuables à des innovations.
- D'ici 2010, augmenter les investissements de capital-risque par habitant pour arriver au niveau général des États-Unis.

PRIORITÉS DU GOUVERNEMENT DU CANADA

1. **Relever les principaux défis qui se posent dans le milieu de la recherche universitaire.**

   Le gouvernement du Canada s'est engagé à prendre les mesures suivantes :

- **Financer les coûts indirects de la recherche universitaire.** Contribuer à une partie des coûts indirects de la recherche bénéficiant d'un soutien fédéral, en tenant compte de la situation particulière des petites universités.

- **Appuyer le potentiel de commercialisation des travaux de recherche universitaire subventionnés.** Aider les établissements d'enseignement à repérer la propriété intellectuelle qui présente un potentiel commercial et à former des partenariats avec le secteur privé afin de commercialiser les résultats de la recherche.

- **Offrir au Canada des possibilités de recherche qui soient compétitives à l'échelle internationale.** Augmenter le financement des conseils subventionnaires afin qu'ils puissent attribuer plus de subventions de recherche importantes.

2. **Renouveler la capacité en sciences et en technologie du gouvernement du Canada de relever les défis et de saisir les possibilités qui se présentent sur le plan de la politique publique, de l'économie et de l'intendance.**

- Le gouvernement du Canada envisagera une approche concertée en ce qui concerne l'investissement dans la recherche afin de cibler la capacité fédérale sur les possibilités scientifiques qui se dessinent. Le gouvernement constituera des réseaux de collaboration entre ministères, universités, organisations non gouvernementales et secteur privé.

3. **Encourager l'innovation et la commercialisation des connaissances dans le secteur privé.**

- **Encourager davantage la commercialisation d'innovations qui sont des premières mondiales.** Le gouvernement du Canada envisagera d'accroître l'appui aux programmes de commercialisation établis qui ciblent des investissements dans la biotechnologie, les technologies de l'information et des communications, l'énergie durable, l'exploitation minière et forestière, les nouveaux matériaux, la fabrication de pointe, l'aquaculture et l'éco-efficacité.

- **Encourager davantage les petites et moyennes entreprises (PME) à adopter et à mettre au point des innovations d'avant-garde.** Le gouvernement du Canada envisagera de fournir un appui au Programme d'aide à la recherche industrielle du Conseil national de recherches du Canada afin d'aider les PME canadiennes à évaluer la technologie mondiale et à y accéder, à former des alliances internationales en R-D et à créer des entreprises technologiques internationales.

- **Récompenser les innovateurs canadiens.** Le gouvernement du Canada envisagera de mettre en place un nouveau prix national prestigieux, qui sera décerné chaque année, afin de reconnaître les innovateurs du secteur privé canadien concurrentiels à l'échelle internationale.

- **Accroître l'offre de capital-risque au Canada.** La Banque de développement du Canada réunira les avoirs de divers partenaires, investira ces sommes dans de petits fonds de capital-risque spécialisés et gèrera le portefeuille au nom de ses commanditaires.

RELEVER LE DÉFI DES COMPÉTENCES

Le gouvernement du Canada propose les objectifs, cibles et priorités fédérales qui suivent afin de former, d'attirer et de retenir les personnes hautement qualifiées nécessaires pour renforcer la performance du Canada sur le plan de l'innovation.

OBJECTIFS

- Former la main-d'œuvre la plus qualifiée et la plus talentueuse au monde.
- Veiller à ce que le Canada accueille les immigrants qualifiés dont il a besoin et aider ces immigrants à réaliser leur plein potentiel sur le marché du travail et dans la société canadienne.

CIBLES

- Jusqu'en 2010, augmenter de 5 p. 100 par an en moyenne le nombre des étudiants inscrits à la maîtrise et au doctorat dans les universités canadiennes.
- D'ici 2002, mettre en œuvre la nouvelle *Loi sur l'immigration et la protection des réfugiés* et son règlement.
- D'ici 2004, améliorer sensiblement la performance du Canada pour ce qui est de recruter des talents étrangers, y compris des étudiants, en utilisant les programmes relatifs à l'immigration permanente et au statut de travailleur étranger temporaire.
- Au cours des cinq prochaines années, faire augmenter d'un million le nombre d'adultes qui profitent de possibilités d'apprentissage.

PRIORITÉS DU GOUVERNEMENT DU CANADA

1. Produire de nouveaux diplômés.

Le gouvernement du Canada envisagera de prendre les initiatives suivantes :

- Encourager financièrement les étudiants inscrits à des programmes d'études de deuxième et troisième cycles, et doubler le nombre des bourses d'études attribuées par les conseils subventionnaires fédéraux au niveau de la maîtrise et du doctorat.
- Créer un programme de bourses de tout premier ordre, aussi prestigieux et de la même ampleur que les bourses Rhodes; appuyer une stratégie concertée de recrutement d'étudiants étrangers menée par les universités canadiennes; et modifier les politiques et les formalités d'immigration afin qu'il soit plus facile de garder au Canada des étudiants étrangers.
- Mettre en place un programme de recherche concertée afin d'aider les étudiants de deuxième et troisième cycles, et, dans des circonstances particulières, des étudiants de premier cycle, qui souhaitent combiner leur formation universitaire théorique et une expérience de recherche appliquée approfondie dans un cadre de travail.

2. Moderniser le régime d'immigration du Canada.

Le gouvernement du Canada s'est engagé :

- à maintenir des taux d'immigration plus élevés et à faire en sorte d'accroître le nombre de travailleurs hautement qualifiés;
- à accroître la présence, la capacité et la marge de manœuvre des services d'immigration, au Canada et à l'étranger, afin d'offrir aux travailleurs qualifiés permanents et temporaires des normes de service concurrentielles;
- à faire connaître le Canada comme destination de choix pour les travailleurs qualifiés;
- à utiliser un programme révisé pour les travailleurs étrangers temporaires ainsi que des autorisations provinciales élargies, afin de faciliter l'entrée de travailleurs hautement qualifiés, et à s'assurer que les avantages de l'immigration sont plus équitablement répartis dans l'ensemble du pays.

RELEVER LE DÉFI DU MILIEU DE L'INNOVATION

Le gouvernement du Canada propose les objectifs, cibles et priorités qui suivent pour protéger les Canadiens et les encourager à adopter des innovations, pour encourager les entreprises à investir dans l'innovation, et pour attirer les personnes et les capitaux indispensables à l'innovation.

OBJECTIFS

- Réagir à tout problème potentiel avant que la confiance du public et des entreprises se détériore.
- Faire en sorte que les régimes d'intendance et les politiques d'encadrement du marché du Canada soient de tout premier ordre.
- Améliorer les mesures d'incitation à l'innovation.
- Veiller à ce que le Canada soit reconnu comme étant à l'avant-garde des pays novateurs.

CIBLES

- D'ici 2004, mettre pleinement en œuvre les lignes directrices du Conseil d'experts en sciences et en technologie afin de s'assurer de la bonne utilisation des sciences et de la technologie dans le processus décisionnel gouvernemental.
- D'ici 2010, faire en sorte que des experts canadiens mènent à bien l'examen systématique des régimes d'intendance les plus importants du Canada.
- Faire en sorte que le régime fiscal des entreprises du Canada reste concurrentiel par rapport à celui des autres pays du G-7.
- D'ici 2005, améliorer sensiblement le classement du Canada dans les enquêtes sur les intentions d'investissement internationales.

PRIORITÉS DU GOUVERNEMENT DU CANADA

1. **Veiller à l'efficacité du processus décisionnel concernant les politiques et priorités réglementaires actuelles et nouvelles.**

   Le gouvernement du Canada envisagera de prendre les initiatives suivantes :

   - Appuyer une « académie canadienne des sciences », afin de renforcer et de compléter la contribution des organisations scientifiques canadiennes existantes.
   - Demander à des experts d'entreprendre des examens systématiques des régimes d'intendance existants en s'appuyant sur des analyses comparatives internationales, et établir des collaborations internationales pour relever les défis communs.

2. **Veiller à ce que le régime fiscal des entreprises du Canada soit concurrentiel à l'échelle internationale.**

   - Le gouvernement du Canada travaillera en collaboration avec les provinces et les territoires afin de s'assurer que les régimes fiscaux fédéral, provinciaux et territoriaux du Canada encouragent et appuient l'innovation.

3. **Faire connaître le Canada comme lieu de travail et d'investissement idéal.**

   - Le gouvernement du Canada s'est engagé à lancer une stratégie soutenue afin de faire connaître le Canada comme lieu d'investissement idéal. Cette stratégie pourrait inclure des missions d'Équipe Canada pour l'investissement et des activités promotionnelles ciblées.

RELEVER LES DÉFIS DE L'INNOVATION DANS LES COLLECTIVITÉS

Le gouvernement du Canada propose les objectifs, cibles et priorités fédérales qui suivent afin de soutenir l'innovation dans les collectivités de tout le pays.

OBJECTIFS

- Tous les ordres de gouvernement doivent travailler de concert pour stimuler la création de nouvelles filières novatrices dans les collectivités.
- Les gouvernements fédéral, provinciaux et territoriaux ainsi que les administrations municipales doivent coopérer et accroître leurs efforts afin de libérer tout le potentiel d'innovation des collectivités dans l'ensemble du pays. Les efforts doivent être guidés par des évaluations communautaires des faiblesses, des possibilités et des atouts locaux.

CIBLES

- D'ici 2010, former au moins 10 filières technologiques reconnues à l'échelle internationale.
- D'ici 2010, améliorer sensiblement la performance des collectivités canadiennes sur le plan de l'innovation.
- D'ici 2005, veiller à ce que les communications à large bande à haute vitesse soient généralement accessibles aux collectivités canadiennes.

PRIORITÉS DU GOUVERNEMENT DU CANADA

1. **Appuyer la formation de filières industrielles concurrentielles à l'échelle internationale.**

- Le gouvernement du Canada accélérera les consultations communautaires en cours afin de former des filières technologiques dans des domaines où le Canada peut réunir des compétences de calibre international, de cerner d'autres possibilités et de créer de nouvelles filières.

2. **Renforcer la performance des collectivités sur le plan de l'innovation.**

- Le gouvernement du Canada envisagera de fournir des fonds aux collectivités pour leur permettre d'élaborer des stratégies d'innovation correspondant à leur situation particulière. Ces collectivités devront inviter des chefs de file locaux du milieu universitaire et des secteurs public et privé à participer à la formulation de leurs stratégies d'innovation. D'autres ressources, tirées de programmes nouveaux ou existants, pourraient être fournies pour mettre en œuvre des stratégies d'innovation communautaires fructueuses.
- Dans le cadre de cet effort, le gouvernement du Canada travaillera en collaboration avec l'industrie, les provinces et territoires, les collectivités et le public afin que le secteur privé mette en œuvre une solution qui permette de poursuivre le déploiement des communications à large bande, notamment dans les régions rurales et éloignées.

STRATÉGIES D'INNOVATION D'AUTRES PAYS

Les pays industrialisés du monde entier reconnaissent l'importance de l'innovation pour améliorer leur niveau et leur qualité de vie. Certains, comme le Royaume-Uni et l'Australie, se sont dotés de stratégies nationales officielles pour améliorer leur performance. D'autres n'ont pas lancé de stratégie officielle, mais ils encouragent vivement l'innovation et obtiennent de très bons résultats à cet égard, comparé à leurs concurrents. Les États-Unis et la Suède font partie de ce groupe. La présente annexe décrit brièvement les approches de ces pays au chapitre de l'innovation telles qu'elles sont exprimées dans les stratégies nationales ou d'après ce qui ressort de leurs politiques actuelles.

ROYAUME-UNI

La stratégie la plus récente du Royaume-Uni en matière d'innovation a été publiée en 2001 sous le titre *A White Paper on Enterprise, Skills and Innovation: Opportunity for All In a World of Change.* Cette stratégie met l'accent sur un ensemble d'initiatives et de mesures qui portent sur cinq grands axes : formation d'une main-d'œuvre plus qualifiée; renforcement des régions et des collectivités; partage des retombées de la recherche et des technologies et création d'industries de classe mondiale; efficacité et équité des marchés; et consolidation de la position de la Grande-Bretagne dans le commerce européen et mondial. La stratégie établit également un système de comparaison destiné à évaluer les progrès.

Dans sa stratégie d'innovation, le Royaume-Uni insiste beaucoup sur l'accélération de la mise en place de l'infrastructure de communication de la prochaine génération. Le soutien à la R-D est ciblé en ceci que l'on finance certaines technologies (génomique, technologies de base et cyberscience). Il est prévu également d'élaborer des politiques visant à encourager le secteur privé à investir dans la R-D. Pour ce qui est de la main-d'œuvre, la stratégie met l'accent sur l'acquisition continue du savoir et sur le perfectionnement constant en offrant un cadre dans lequel particuliers et employeurs peuvent investir dans les compétences. Tous les volets de la stratégie tiennent compte des préoccupations en matière de développement régional et communautaire.

AUSTRALIE

La stratégie d'innovation de l'Australie, intitulée *Backing Australia's Ability, an Innovation Action Plan for the Future,* porte essentiellement sur l'engagement du gouvernement en ce qui concerne trois éléments clés du processus d'innovation : renforcer la capacité de l'Australie de trouver des idées et de faire de la recherche; accélérer l'application commerciale de ces idées; et former une main-d'œuvre australienne qualifiée et la retenir. La stratégie vise à soutenir des recherches concurrentielles à l'échelle internationale, à appuyer l'infrastructure, à mettre en place des mesures d'incitation à investir dans la R-D, et à aider les entreprises dans le processus de commercialisation. En ce qui concerne les compétences, l'Australie propose d'investir davantage dans les établissements d'enseignement postsecondaire et de modifier le régime de l'immigration. Le gouvernement s'engage également à revoir les cadres de réglementation et à renforcer les régimes de propriété intellectuelle du pays.

ÉTATS-UNIS

Bien que les États-Unis n'aient pas de stratégie d'innovation en tant que telle, ils sont, à presque tous les égards, le pays le plus novateur du monde. Parmi leurs initiatives clés, mentionnons qu'ils financent la recherche fondamentale dans les universités, qu'ils assurent aux étudiants qualifiés des possibilités de suivre un enseignement de deuxième et troisième cycles, qu'ils financent les laboratoires gouvernementaux fédéraux et qu'ils font beaucoup de recherche dans le domaine de la défense. De plus, ils s'efforcent de coordonner, mais de ne pas centraliser, l'activité fédérale dans ces domaines. Le régime de concurrence des États-Unis est efficace, et le pays cherche maintenant à l'élargir aux marchés internationaux par l'entremise de négociations et d'accords commerciaux.

Les États-Unis renforcent leur base de recherche, qui est l'une des meilleures au monde, afin de fournir les cadres et l'infrastructure nécessaires pour faciliter la diffusion du savoir. La formation de partenariats, la création de bancs d'essai, l'élaboration d'outils analytiques, l'apport d'un soutien technique et la définition de protocoles d'essai uniformes constituent une base solide sur laquelle les entreprises peuvent s'appuyer pour prendre des décisions en ce qui a trait à l'adoption de technologies novatrices. Par ailleurs, le gouvernement américain investit davantage dans la R-D depuis quelques années. En outre, il s'est engagé à investir plus dans l'infrastructure scolaire, à aider davantage les collèges, à offrir des programmes de formation en milieu de travail et à aider les collectivités dans le besoin. Afin d'aider les entreprises à accéder à un bassin élargi de personnes hautement qualifiées, il vient de réviser ses politiques d'immigration de manière à délivrer plus de visas de travail.

SUÈDE

Bien que la Suède n'ait pas présenté officiellement de stratégie d'innovation, ses politiques montrent que le sujet lui tient à cœur. Elle reconnaît que la diffusion du savoir est un lien essentiel entre la création de connaissances et la commercialisation. Elle encourage une diffusion du savoir qui facilite également l'intégration efficace de programmes régionaux dans une démarche plus nationale. L'approche de la Suède en ce qui concerne les compétences vise à offrir des possibilités de perfectionnement et d'emploi à la main-d'œuvre en place.

LISTE DES GRAPHIQUES ET DES TABLEAUX

NOTES

NOTES